THE HANDBOOK OF SEA URCHINS
ウニ ハンドブック

田中 颯・大作晃一・幸塚久典 著

文一総合出版

ウニとは

ウニとは

　日本では、ウニは海棲動物の中でもメジャーな動物である。ウニは日本が世界一の消費国であり、ウニの生殖巣は寿司ネタの定番の一つとして君臨し続けている。また、高校で生物を選択した人は、動物の発生の例としてウニの若い頃の姿であるプリズム幼生やプルテウス幼生を教科書で見たことがあるだろう。最近ではウニ殻の美しさから、中身ではなく殻の人気も高まっている。しかし、生物としてのウニの面白さを知る機会は意外と少なく、そもそもどんな動物なのか、どれだけの種類がいるのか、どんな形なのかはあまり知られていない。本書では、身近なウニの種類を見分けられることを目指し、殻による識別を中心に形態や名称などについても詳しく解説する。

ウニの特徴と起源

　ウニは生物学的には「棘皮動物門ウニ綱」に属する海棲動物である。棘皮動物はウニの他に、ウミユリ、ヒトデ、クモヒトデ、ナマコが属しており、体が「五放射相称」という中心軸から5つの同一の構造が放射状に配列されることと、「水管系」という、血液の代わりに海水が循環する循環器官をもつことが共通の特徴である。中でもウニは中空の殻と、可動性の棘をもつことにより特徴付けられる。今から約4億6500万年前の古生代オルドビス紀にその起源があり、現在は赤道直下の熱帯の海から南極・北極圏の寒冷な海、潮間帯の浅い海から高水圧な超深海、更には岩礁域や砂泥底などの多様な海底環境にも適応し、約1,000種ほどの種数からなる一大グループである。

ウニの基本的な形態

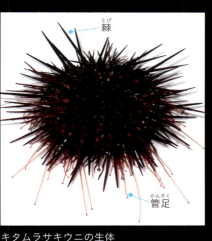

キタムラサキウニの生体

管足の拡大

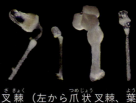

叉棘(左から爪状叉棘、葉状叉棘、腺嚢叉棘、蛇頭叉棘。それぞれの叉棘についてさまざまなウニから典型的なものを示した)

● 棘(とげ)

棘は殻表面を覆う棘疣(→p.5)に筋肉や結合組織を介して接続している。ウニはこの筋肉の収縮により棘を傾けることで、大型の外敵から身を守ったり、移動したりする。大きな棘を主棘(大棘)、小さな棘を副棘(小棘)という。主棘と副棘の違いはキダリス目では明瞭だが、多くのウニでは不明瞭である。

● 管足(かんそく)

管足は殻内の水管系の一部が殻外に突出した、柔らかい触手状の器官である。触角のような感覚器官や、ガス交換のための呼吸器官としての機能をもつ。先端に吸着力のある吸盤を備えるものは、岸壁での移動や物体の保持に用いられる。

● 叉棘(さきょく)

殻の表面などに無数に生えている長さ数mmの小さなピンセット状の器官。外敵を挟んで身を守ったり、体表を清掃することに使われているとされる。ピンセットのような形状の爪状叉棘、最も小さな葉状叉棘、挟んで毒を注入する腺嚢叉棘、最も複雑な形状をもつ蛇頭叉棘の4種類が知られている。

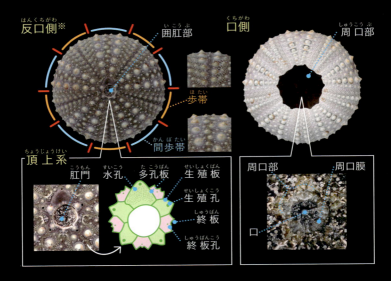

●殻（から）
ウニの五放射相称性は殻を見るとわかりやすい。殻はそれぞれ5つの歩帯と間歩帯という部位が交互に並ぶことにより構成される。性質の異なる部位が交互に5つ並ぶため、五放射相称の模様が浮き出ている。

●歩帯（ほたい）・間歩帯（かんぽたい）
歩帯には歩帯板、間歩帯には間歩帯板（→p.14）がそれぞれ2列ずつ並ぶ。歩帯は孔対があること、間歩帯は孔対がない分多くの棘疣を備えることが特徴である。

●囲肛部（いこうぶ）・肛門（こうもん）
頂上系の中央または殻の後端にある円形の穴。大部分の種では、囲肛部は囲肛板という小板で覆われ、その中央に肛門が開口する。

●頂上系（ちょうじょうけい）
5枚の終板、5枚の生殖板の複合体で、反口側の中央に位置する。ウニの成長において新しい殻板が作られる起点でもあり、頂上系の外縁から新しい殻板が次々に形成されていく（→p.13）。

●殻板（かくばん）
殻を構成するそれぞれの板のこと。

●生殖板・生殖孔（せいしょくばん・せいしょくこう）
生殖板には卵や精子を排出する生殖孔が開く。そのうち1枚は水管系に海水を通す複数の孔（水孔）をもち、多孔板とも呼ばれる。

●終板（しゅうばん）
生殖板の間にある小板。終板孔という小孔が開く。

●終板孔（しゅうばんこう）
ウニの成長において最も古い管足が生える孔である。他の管足の孔対と異なり対ではなく単一の孔である。

●周口部（しゅうこうぶ）・口（くち）

※反口側（はんこうがわ）とも言う

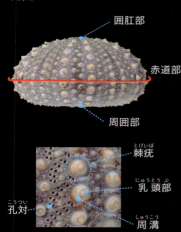

側面
- 囲肛部
- 赤道部
- 周囲部

ランタン
- 二又骨
- 上生骨
- 歯
- 顎骨
- 歯の先端
- 耳状骨

- 棘疣
- 乳頭部
- 孔対
- 周溝

周口部は周口膜という柔軟性のある膜によって覆われており、その中央に口が開口する。口からはランタンの先端にある5本の歯が突き出ており、これを開閉することで咀嚼する。

●赤道部（せきどうぶ）
殻の最大径の外周部分。

●棘疣（とげいぼ）
棘や叉棘が接続する部分。主棘が生えている疣のことを主疣（大疣）、副棘が生えている疣のことを副疣（小疣）と呼ぶが、棘の区別と同じくその違いは連続的で明瞭に分けられないことも多い。

●乳頭部（にゅうとうぶ）
棘や叉棘の動きの関節部分。

●周溝（しゅうこう）
棘を動かす棘筋が付着する溝。

●孔対（こうつい）
孔対は歩帯板を貫通する2対の孔からなり、1個の孔対からは管足が1本生える。

●ランタン（アリストテレスの提灯）
口、食道、咽頭を取り囲む、5種類40個の骨片と6種類60枚の筋肉からなる咀嚼器官。ランタンは殻内部に収まっており、ランタンから生える複数の筋肉が、周口部付近の歩帯の殻内部にある耳状骨という突起に連結している。これらの筋肉の伸縮により、ウニはランタンを自由に動かしている。五放射相称に並んだ顎骨と歯が主な要素であり、顎骨内面のレール状の部位に1本の細長い歯が収められている。歯の先端だけが周口部の中央から体外に突出しており、餌や基質を噛み砕く。かのアリストテレスがこの器官を提灯に似た形状と記載したことが名称の由来である。なお、耳状骨の形状は分類群によって異なっているため、目レベルの分類で活用される。

正形類と不正形類

正形類

殻径

正形類は五放射相称の円形の殻をもち、口側の中央に周口部が、反口側の中央に囲肛部がある。岩礁や砂泥底の表面で生息しており、付着生物や生物の死骸をランタンで削り取り食べる。私達がイメージするイガグリ型のウニ、食用のウニはすべて正形類である。なお「正形類」は後述の不正形類以外を指す便宜的な分類であり、分類学的名称としては存在しない。

現生のすべてのウニは五放射相称の円形の殻をもち、底質の表面で生息する"正形類"と、左右対称の殻をもち、底質の中に潜って生息する"不正形類"に大別できる。

不正形類

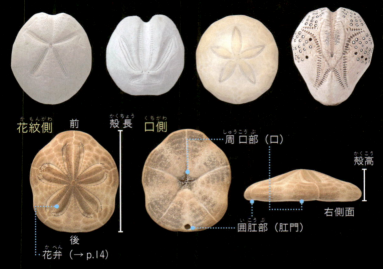

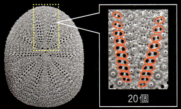

不正形類の花弁の孔対の列数の数え方：1つの花弁の孔対（孔2つで1セット）の数を数える

※ボタンウニ科とマメウニ科の花紋側・口側・側面は走査型電子顕微鏡で撮影した写真を掲載しているため、色彩が白黒になっている

不正形類は左右対称の殻をもち、前後の区別があることが特徴である。口側のやや前方に周口部が、殻の後方に囲肛部がある。砂泥底の中に潜って生息しており、砂の中のデトリタス（生物由来の有機物片）を砂から集めて、もしくは砂ごと食べる。なお、「不正形類」は単一の祖先に由来する単系統であり、不正形下綱という分類学的名称が存在する。

正形類・不正形類簡易分類表

ここでは正形類と不正形類の次に大きなグルーピングである目階級への分類表を示した。目の分類は、殻の内部構造やランタンの情報（→ p.8 ⑤〜⑧）が必要であるため、基本的に殻を破壊する必要があり、技術的にも（心理的にも）難易度が高い。

キダリス目	フクロウニ目	ガンガゼ目 オトメガゼ目 カサアシガゼ目	ホンウニモドキ目 アルバキア目	カマロドント目
❶周口部に歩帯板がある	❷周口部に歩帯板がない			
❸殻は硬い	❹殻は柔軟	殻は硬い		
❺歯はキールをもたない			❻歯はキールをもつ	
❼上生骨が架橋しない				❽上生骨が架橋する

❶周口部に歩帯板がある
❷周口部に歩帯板がない
❸殻は硬い
❹殻は柔軟

❺歯はキール※をもたない
❻歯はキール※をもつ
❼上生骨が架橋しない
❽上生骨が架橋する

※キール…竜骨状の出っ張り

そもそもウニは外見が特徴的な種類が多いため、必ずしも目の同定を経由しなくても写真との絵合わせにより正確に種同定できることが少なくない。しかし、本当に正確な同定のためには、このページに記載した特徴を観察して目の同定をする必要があることを覚えておこう。

タマゴウニ目	タコノマクラ目	カシパン目	ブンブク目
❶孔対が花紋を形成しない	❷孔対が花紋を形成する		
❸ランタンをもつ（タマゴウニは発生直後のみ）			ランタンをもたない
❹2対の耳状骨をもつ（タマゴウニは発生直後のみ）		❺1対の耳状骨をもつ	耳状骨をもたない

花紋を形成

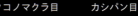

タコノマクラ目　カシパン目

❶しない　❷する

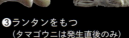

❶❷孔対が花紋を形成しない／する

❸ランタンをもつ（タマゴウニは発生直後のみ）

❹2対の耳状骨をもつ（タマゴウニは発生直後のみ）

❺1対の耳状骨をもつ

9

ウニを採集する

ウニは全種棘をもつため、全種から刺傷を受ける危険性がある。また、棘付きの状態ではどの有毒の種類なのか判別が難しいことも多い。採集の際には必ず厚手の手袋、厚底のマリンブーツや長靴を装備することを推奨する。

多くのウニは日中は物陰などに隠れている。バールのような先端の曲がった棒状のもので掻き出すようにして採集する。

漂着物として拾う

ウニを最も簡単に手に入れる方法は、漂着物から探し出すことである。砂浜にはその近くの浅海に生息しているウニがしばしば漂着している。また、漁港では漁労屑(ぎょろうくず)からやや深場のウニを発見できることがある。漁業関係者からあらかじめ了解を得た上で散策させてもらうと良い。

転石の裏側には小型のさまざまなウニが隠れている。

自分で採集する

上記の方法で得られるウニは、漂着や漁獲の際に棘や殻が破損して不完全な状態であることが多い。完全なウニの標本を作る際には自分で生体が生息する環境に採集におもむく必要がある。
● 正形類

正形類の採集はタイドプールや岩礁が適している。正形類の多くは岩礁の表面に管足を使って吸着しているが、外敵の気配に勘付くと基質への管足の吸着力を高め、容易に剥がせなくなる。基質から剥がす際には、口側に細長いバールのような物を差し込み一気に剥がすと良い。

なお、オオバフンウニ科、ムラサキウニ、シラヒゲウニなどは、水産上重要なウニとされ、多くの地域で漁業権が設定されている。これら食用種の採集は必ずその地域の漁業権をよく調べた上で行う必要がある。
● 不正形類

干潟や海水浴場が適している。不正形類の多くの種類は砂などに潜っているので動いたあとは砂泥底表面に痕跡が残され、その痕跡をたどっていけば本体に出会うことができる。

ウニを標本にする

殻標本を作る

ウニ標本の理想は液浸標本であるが、取り扱い辛さは無視できない。そこでおすすめするのが殻標本である。棘や叉棘、軟組織を除去した殻標本は取り扱いに優れている。また、殻はウニの分類に重要なポイントが多いため、液浸標本を作成した後も本格的な同定の際には殻標本を作成することになる。手順は次の通りである。

❶ウニを塩素系漂白剤にひたす（ガスが発生するのでよく換気する）。
❷棘の根元の筋肉が溶解するので、歯ブラシなどで棘を外していく（飛沫が目に入る危険があるため防護メガネ必須）。
❸流水にひたして漂白剤を洗い流す。
❹暗所などでしっかり乾燥して完成（少しでも水分が残るとカビの原因となる）。液浸標本と同様に、チャック袋に入れた上でタッパーなど硬い容器に入れて保管すると良い。

液浸標本を作る

分類学的研究のために棘や叉棘の観察を目的とする場合は、液浸標本にすることをおすすめする。95％以上の高濃度のエタノールに一気に入れて固定するのが良好な状態で保存するコツである。固定後は体内の体液でエタノールが薄まるので、1日程度置いてから同濃度のエタノールを入れ替える。標本は穴を開けたユニパックなどのチャック袋に入れた上でマヨネーズ瓶などに入れて保管する。これで、標本が容器の壁に当たり棘などが破損するのを防ぐことができる。

乾燥標本。殻とランタンと棘は別々にチャック袋に入れる

チャック袋を少し切って個体ごとに袋に入れ、液にひたす

ウニの成長

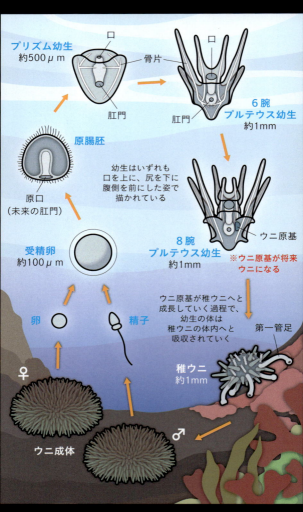

図1 ウニの生活史

ウニは多くの海棲無脊椎動物と同様に、親と異なる形で幼生期を過ごす（図1）。ウニの幼生はプルテウス幼生といい、生物の教科書で目にしたことがある方も多いかもしれない。プルテウス幼生は体表から生える繊毛を使って泳ぎ、海流に乗って広範囲に分散していく。

　ウニの成体は非常に移動能力が低いため、幼生期に分布をできるだけ広げることになる。適当な幼生期を経て、生息に適した底質に流れ着いた幼生は稚ウニに変態する。ウニの変態は左右相称の体から五放射相称の体に変化する非常に劇的な変化である。

　変態直後の稚ウニは歩帯と間歩帯共にわずかな殻板しかもっていない。ここからウニは、殻の全体の形状を保ったまま、殻の構成要素である殻板を成長させる（図2）。このとき、すべての殻板を成長させると同時に、頂上系から新たな殻板を生み出していく。つまり、成長するにつれてウニはそれぞれの殻板が大きくなり、たくさんの殻板をもつ。結果的に、各殻板の列において頂上系に近い方が最も新しい殻板で、口側に近い方が最も古い殻板ということになる。

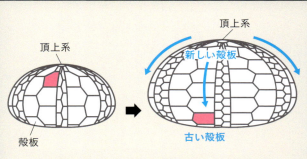

殻の成長とともに、新しい殻板が上から追加され、それに伴って古い殻板は下へ下へと移動していく。

図2　ウニの殻を構成する殻板の移動・成長

その他の部位

ここで紹介するウニの形態の専門用語は、主に属〜種レベルの同定で活用される。

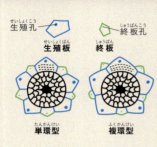

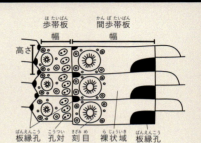

単環型・複環型
頂上系を構成する生殖板と終板のそれぞれの接し方が異なる。ガンガゼ科の同定では単環型と複環型のどちらの頂上系をもつかに注目する。

歩帯板・間歩帯板
殻板の表面や棘疣の彫刻や、殻板の縫合部にあるくぼみが特徴。正形類全般の同定において、歩帯板と間歩帯板のそれぞれがもつ構造に注目する。

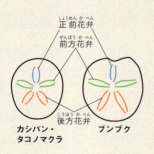

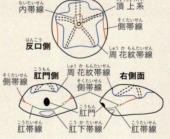

花紋
花紋は5つの花弁から形成される。タコノマクラ・カシパン・ブンブク目の同定ではそれぞ花弁がどういう形状をしているか、孔対の列の数がいくつになるか（→p.7）に注目する。

ブンブクの部位名称
ブンブク目の帯線（→p.108）にはいくつかの種類があり、どの種類の帯線をもっているか、どういう形状をしているかに注目する。

本書の使い方

本書では、日本近海の海岸や漁港付近で拾える可能性のあるウニ103種の殻と棘付き写真（一部除く）を掲載した。一般的に、ウニの種類を見分けるためには棘を取った状態の殻の形態を見る必要がある。そのため特に殻を中心に、種の判別に役立つ情報をピックアップして掲載している。

凡 例

❶和名・学名
本書で新しく提唱した和名については、その種のページに記載されている標本番号の標本を基に提唱している。

❷原寸大シルエット

❸殻写真
種同定の際に重要な反口側、口側、側面（正形類は間歩帯を、不正形類は殻の右側を掲載）の写真を掲載した。ブンブク目はこれらに加えて肛門側の写真を掲載した。一部の殻標本については表皮や棘が付着したままの写真を掲載している。

❹解説
殻径 殻長 成体における殻の標準的な大きさ。
世 日 世界／日本で記録のある分布域。『相模湾産海胆類』に準拠し、分布の始点は南とした。
深 生息している水深。

❺生体／生態／有棘写真
棘が付いた状態の姿を示すために掲載した。生体写真は採集後に生息環境とは別の場所で撮影した生きた個体、生態写真は生息環境において撮影した生きた個体、有棘標本は棘付きの状態で標本にした個体である。

ムラサキウニ ❶
Heliocidaris crassispina (A. Agassiz, 1864)

殻は緑色～紫色

正形類
カワウニ目・ナガウニ科

食用 ❻

❹ 転石裏に付着したり、岩礁のくぼみで生息する。くぼみで生息する個体は、くぼみ側の棘が短く、その反対の外界に向けられた棘の方が太より長い傾向がある。タワシウニのように濾過食をしているのかもしれない。
殻径 60mm
世 日本近海のみ
日 九州南端から相模湾、福井県沿岸
深 潮間帯～水深70m

孔対は狭いに6-8個ずつ配列。

棘は滑らかで光沢がある

生息写真（串本）

❻食用アイコン
食用の記録がある種類には食用アイコンを付けた。

❼標本番号
撮影に使用した博物館登録標本について標本番号を掲載した。標本は、標本番号の頭字語が示す次の施設に収蔵されている。NSMT 国立科学博物館、UMUTZ 東京大学総合研究博物館、RUMF 琉球大学博物館・風樹館、BIK 黒潮生物研究所、TAMBL 鳥羽水族館

キダリス目
Cidaroida

ホンキダリス科　Cidaridae

ノコギリウニ

現存するウニ類の中で最も原始的な特徴をもつ、ウニ綱の"生きた化石"です。化石種と現生種の形態で顕著な違いが見られないため、昔と今で生態が大きく変化していないと考えられています。大部分の種は水深50m以上のやや深い水深帯に生息していますが、一部の種は浅海のサンゴ礁や岩礁にも生息しています。最も目立つ構造である巨大な主棘は、表皮で覆われていない外骨格となっており、海藻やカイメンなどの付着生物の生息場となることもあります。

マツカサウニ

Eucidaris metularia (Lamarck, 1816)

正形類

キダリス目・ホンキダリス科

褐色の小型種

間歩帯の疣は白色

終板は囲肛部と接しない

主棘は短く棍棒形で横縞があり、その表面は小顆粒で覆われる

夜行性種で、昼間は転石や死サンゴの裏側で身を隠し、夜間に餌を探しに岩礁表面を徘徊する。石灰藻やコケムシなどの比較的柔らかい付着生物を餌としている。体表にゴカクゼブラガニが共生することがある。

殻径 25mm

世 インド・西太平洋海域

日 相模湾以南

深 潮間帯〜水深570m

生体写真（田中）

フシザオウニ

Plococidaris verticillata (Lamarck, 1816)

正形類

キダリス目・ホンキダリス科

緑色の小型種

頂上系は濃緑色〜濃褐色

主棘は冠状の
2〜3つの節がある

夜行性種で、昼間は転石や死サンゴの裏側で身を隠し、夜間に餌を探しに岩礁表面を徘徊する。しばしばマツカサウニと同時に見つかる。主棘は海藻やコケムシなどの付着生物に覆われカムフラージュとなっている。

殻径 25mm

世 インド・西太平洋海域

日 相模湾以南

深 潮間帯〜水深50m

生体写真（田中）

ボウズウニ

Phalacrocidaris japonica (Döderlein, 1885)

正形類

キダリス目・ホンキダリス科

反口側の大部分に主棘・主疣がなく坊主頭状

やや深場の砂泥底に生息する。反口側の主棘が発達しないという変わった特徴をもつ。巻貝類リンボウガイのように、側面の長い棘で体が泥に沈み込むのを防ぐ「かんじき戦略」なのかもしれない。日本近海固有種。

殻径 40mm
世 日本近海のみ
日 相模湾以南、日本海
深 水深90〜700m

主棘は特殊化せず円筒状

生体写真（幸塚）

ノコギリウニ

Prionocidaris baculosa (Lamarck, 1816)

正形類

キダリス目・ホンキダリス科

褐色の大型種

間歩帯の疣は褐色

終板は囲肛部と接する

主棘の襟部※には褐色の斑点または縦条

主棘基部の近くにはノコギリ状の突起列

岩礁上に生息する。恐らく夜行性種であり、昼間は岩礁のくぼみなどに身を隠しているが、普通に海底を歩いている個体も見かける。主棘は海藻やコケムシなどの付着生物に覆われカムフラージュとなっている。

殻径 55mm

世 インド・西太平洋海域

日 相模湾以南

深 潮間帯〜水深250m

生態写真（幸塚）。岩礁上を歩いていた

※襟部：キダリス目とアルバキア目のウニの主棘の根本付近にある平滑な領域

バクダンウニ

Phyllacanthus dubius Brandt, 1835

肌色の大型種　　　　　　　周口膜上の歩帯の孔対は2列

主棘表面は小顆粒の列で覆われる

UMUTZ-Ecn-SA21-38

正形類

キダリス目・ホンキダリス科

サンゴ礁の隙間などに隠れて生息する。隠れる時は頑丈な棘を器用に動かして隙間やくぼみに入り込んだ上、頑丈な棘を展開したまま固定してしまうため、容易には引っ張り出すことができない。

殻径 55mm　世 日本近海のみ　日 小笠原諸島　深 潮間帯

生態写真（田中）。サンゴ礁の隙間に隠れている

ミナミバクダンウニ

Phyllacanthus imperialis (Lamarck, 1816)

主棘表面は縦筋で覆われる　　　　　　先端に明瞭な縦筋がある

サンゴ礁の隙間などに隠れて生息する。殻の形態はバクダンウニと同一。世 インド・西太平洋海域　日 南西諸島以南　深 水深5〜70m

21

モモノキウニ

Chondrocidaris brevispina H.L. Clark, 1925

正形類

キダリス目・ホンキダリス科

- 主棘は紅色でブレード状の突起列をもつ
- 副棘は黄色で顕著に小さく鱗状

※採集が稀であり殻標本の入手が困難であったため、表皮付きの標本を掲載した

UMUTZ-Ecn-SI40-16

昼間はサンゴ礁の隙間に隠れ、夜間にサンゴ礁上に現れる。黄色の密生する副棘と紅色の主棘をもつ美麗種。生時、主棘の先端半分ほどは、薄茶色のビロードのようなもので覆われており、紅色の突起列はほとんど見えない。日本では採集例が数例しかない。本書により観測の目が増え、発見例が増えることを祈る。

殻径 50mm

世 マレー諸島、西太平洋

日 南西諸島

深 水深8〜15m

生態写真（小渕正美）。サンゴ礁の隙間に隠れている

毒のあるウニ①

無防備にウニに触れると、鋭い棘に刺され痛みます。さらに、一部のグループのウニは有毒の棘や叉棘をもっており、通常の刺傷以上の痛みを受けることがあります。イイジマフクロウニ（図1）とガンガゼ科はほぼ全種類が棘に毒をもち、ラッパウニ属（*Toxopneustes*）は腺嚢叉棘に毒をもちます（図2）。

フクロウニ目は反口側に巨大な毒嚢で覆われた棘があります。この棘は突き刺さると毒嚢に含まれる毒液が押し出されて注入されるという注射器のような機構をもっています。刺されると非常に痛み、ダイビング中など場合によっては命を落とす可能性もあります。

ガンガゼ科は非常に長く鋭い棘をもっており、刺されると腫れて長時間に渡って痛みが続くことから毒性があるとされています。ガンガゼ属の棘は先端が非常に鋭く、容易に皮膚を貫きます（図3）。それだけでなく、棘自体が非常にもろくなっているため、皮膚を貫通した後に砕け、引き抜くことが困難になります。なお、ガンガゼ属（*Diadema*）は棘の先端に"かえし"があるため引き抜きにくい、と多くの図鑑に書かれていますが、実際には先端に"かえし"は存在しません（図3）。

一方でガンガゼモドキ属（*Echinothrix*）の副棘の先端には明確な"返し"がついており（図4）、一度刺されるとなかなか引き抜くことができません。なお、フクロウニ目もガンガゼ科も、毒の成分は明らかになっていません。

図1 イイジマフクロウニ（幸塚）
ダイビング中の接触に注意が必要

図2 イイジマフクロウニの毒棘
細い棘が毒嚢を含む袋状の表皮で覆われている

図3 ガンガゼの毒棘
先端にかえしはない

図4 トックリガンガゼモドキの毒棘（副棘）
先端にかえしがある

図2〜4 撮影：田中

フクロウニ目
Echinothurioida
フクロウニ科 Echinothuriidae

オーストンフクロウニ

柔軟性のある殻をもつ非常に変わったグループです。大部分の種は水深5,000mにも及ぶ深海に生息していますが、日本近海の浅海にはオーストンフクロウニ、イイジマフクロウニ、リュウキュウフクロウニの3種が生息しています。深海種の方が殻が柔らかい傾向があり、紙風船のような柔らかい感触の殻をもつのに対し、浅海種は革袋のような比較的硬めの感触の殻をもちます。多くの種が反口側の棘に強力な毒をもっています。

オーストンフクロウニ

Araeosoma owstoni Mortensen, 1904

正形類

フクロウニ目・フクロウニ科

殻は大型で、やや柔軟性があり革袋のような手触り

口側間歩帯の両端には主疣が殻板毎に1列に並ぶ

反口側は主棘の棘疣をいくつかもつ

口側、反口側共に間歩帯板の水平な縫合部分に膜質で覆われたスリットがある

砂泥底上に生息する。底曳網や刺網で混獲されるため漁港近くでしばしば捨てられている。口側にはオーストンフクロウニヤドリニナが寄生していることがある。棘には毒があるため注意。

- 殻径 100mm
- 世 日本近海のみ
- 日 南西諸島から相模湾、近年は日本海側でも発見されている
- 深 水深70〜210m

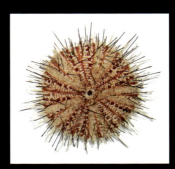

生体写真（幸塚）

25

イイジマフクロウニ

Asthenosoma ijimai Yoshiwara, 1897

正形類

フクロウニ目・フクロウニ科

殻は大型で、柔軟性があり革袋のような手触り

殻板は非常に低い

反口側には大型の疣がない

（殻写真 撮影：田中颯）

岩礁上に生息し、カイメンなど付着生物を摂食する。刺網で混獲され、しばしば漁港近くに捨てられている。種小名にもあるイイジマ（*ijimai*）は、近代動物学の基礎を築いた動物学者・飯島魁にちなむ。棘には毒があるため注意。

殻径 130mm

世 日本近海のみ

日 九州南端、小笠原諸島から相模湾、近年は日本海側でも発見されている

深 水深8〜120m

反口側の棘は発達した毒嚢をもち猛毒（→ p.23）

生態写真（山守瑠奈　京都大学）。岩礁上で見つかる

リュウキュウフクロウニ

Asthenosma sp.

正形類

フクロウニ目・フクロウニ科

殻は中型で、やや柔軟性があり革袋のような手触り

殻板は非常に低い

反口側には大型の疣がない

口側の主棘に縞模様がある

反口側の棘の色は薄い

岩礁やサンゴ礁の上に生息する。棘には毒があるため注意。イイジマフクロウニと同種とされてきたが、形態とDNAを用いた解析により、別種であることが明らかになりつつある。

殻径 70mm
世 日本近海のみ
日 南西諸島
深 水深3〜40m

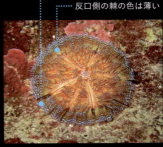

生態写真（小渕正美）。岩礁上で見つかる

27

ガンガゼ目
Diadematoida
ガンガゼ科　Diadematidae

オトメガゼ目
Pedinoida
オトメガゼ科　Pedinidae

カサアシガゼ目
Micropygoida
カサアシガゼ科　Micropygidae

ガンガゼ

非常に長い有毒の棘と、もろい殻が特徴的なグループです。大部分の種が熱帯から温帯の浅海域に生息します。海藻や他の生物の死骸などの比較的柔らかい物を食べる雑食性です。ガンガゼ目は多くの種を抱える巨大なグループでしたが、近年ガンガゼ目（Diadematoida）、トゲマガリガゼ目（Aspidodiadematoida）、オトメガゼ目（Pedinoida）、カサアシガゼ目（Micropygoida）に分割されました。

アカオニガゼ

Astropyga radiata (Leske, 1778)

正形類

ガンガゼ目・ガンガゼ科

殻は黄緑色で、ややもろい

頂上系は単環型

反口側の歩帯の主疣は2列

赤道部まで続くV字状の裸状域

砂泥底上に生息する。やや深い場所に生息するが、稀に浅瀬からも見つかる。棘には毒があるため注意。ガンガゼ科の多くの種がもつ青色の蛍光は、地の色ではなく微細構造による発色である（構造色）。

殻径 90mm

世 インド・西太平洋海域

日 相模湾以南

深 潮間帯～水深60m

青色のV字状の太い点線をもつ

生態写真（田中）。砂泥底上を歩いていた

29

ガンガゼ

Diadema setosum (Leske, 1778)

正形類

ガンガゼ目・ガンガゼ科

食用

殻は白色で、もろい

頂上系は複環型

UMUTZ-Ecn-SC07-30

反口側の歩帯の主疣は2列

青色の点をもつが、単一の線にはならない

白色の点をもつ

肛門は球状に膨らみ、黄色〜赤色の目玉模様をもつ

岩礁および砂泥底上に生息する。ガンガゼ属（*Diadema*）は殻での分類は非常に困難である。隠れる場所が多い環境では単独で活動する個体が多いが、開けた海底では複数個体で群れていることがある。棘には毒がある。

殻径 70mm

世 インド・西太平洋海域
日 相模湾、若狭湾以南
深 潮間帯〜水深30m

生態写真（すべて幸塚）

30

アオスジガンガゼ

Diadema savignyi Michelin, 1845

正形類 ガンガゼ目・ガンガゼ科

殻は白色で、もろい

頂上系は複環型

反口側の歩帯の主疣は2列

青色の筋の間に白色の模様をもたない

2つの青色の線がY字型を呈する

肛門は球状に膨らみ、地の色と同じ

岩礁および砂泥底上に生息する。棘には毒があるため注意。ガンガゼ属（*Diadema*）の棘は、多くの図鑑において「先端にはかえしがあるため刺されると抜けにくい」と記載されているが、実際はかえし構造はない（→p.23）。

殻径 70mm
世 インド・西太平洋海域
日 南西諸島以南
深 潮間帯〜水深80m

生態写真（幸塚）

31

アラサキガンガゼ

Diadema clarki Ikeda, 1939

正形類

ガンガゼ目・ガンガゼ科

殻は白色で、もろい

頂上系は複環型

UMUTZ-Ecn-SC06-23

反口側の歩帯の主疣は2列

肛門は球状に膨らみ、地の色または黄色の目玉模様をもつ

2本の青色のやや不明瞭な線がY字型を呈する

青色の線の間に白色の筋がある

囲肛部の拡大

岩礁および砂泥底上に生息する。長らくアオスジガンガゼと同種とされていたが、近年DNAを用いた研究により別種であることが再認識された。棘には毒があるため注意。

殻径 70mm
世 日本近海のみ
日 九州南端から相模湾、石川県以南
深 潮間帯〜潮下帯

生態写真（幸塚）

32

ヤミガンガゼ

Eremopyga denudata (de Meijere, 1902)

正形類

ガンガゼ目・ガンガゼ科

殻は黄緑色で、もろい

頂上系は単環型

孔対はすべて1列

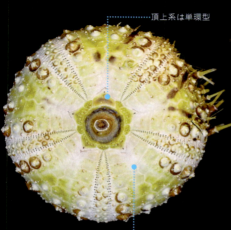

NSMT E-11859

赤道部まで続く
V字状の裸状域

（殻写真 撮影：田中颯）

肛門は球状に膨らみ、黄色～赤色の目玉模様を呈する

青色のV字状の太い線をもつ

生時の体色は赤～暗赤色

砂泥底上に生息する。ガンガゼ科（ほとんどの種が浅海性）としては珍しく、深海にも生息する種である。近年の胃内容物の調査によりカイメンや、浅海域から漂流した海草を食べていることがわかった。

殻径 50mm

世 ティモール海、フィリピン、バリ

日 鹿児島、沖縄本島

深 水深70～274m

生態写真。ヒカリイシモチ属魚類が棘のあいだに共生している
（提供：国営沖縄記念公園（海洋博公園）・沖縄美ら海水族館）

トックリガンガゼモドキ

Echinothrix calamaris (Pallas, 1774)

正形類

ガンガゼ目・ガンガゼ科

殻は黄緑色で、ややもろい

反口側の歩帯は盛り上がる

反口側の歩帯の主疣は4-5列

若い個体は転石や死サンゴの下に、成体はサンゴ礁の隙間に生息する。棘には毒があるため注意。ガンガゼ属（*Diadema*）と違い、ガンガゼモドキ属（*Echinothrix*）の副棘には正真正銘のかえしがあるため、刺されると抜けにくい。

殻径 100mm

世 インド・西太平洋海域

日 紀伊半島以南

深 潮間帯〜潮下帯

生態写真1　棘に縞模様がある個体

生体写真2
棘が白色の個体

生体写真3
棘が黒色の個体（写真すべて田中）

ガンガゼモドキ

Echinothrix diadema (Linnaeus, 1758)

正形類

ガンガゼ目・ガンガゼ科

殻は白色で、かなり頑丈

反口側の歩帯はそれほど盛り上がらない

反口側の歩帯の主疣は 4-5 列

波の影響が強いリーフエッジのサンゴ礁の間隙に生息する。ガンガゼ科の大部分の種は殻が薄くもろいが、本種は物理的衝撃の多い環境に適応したためか、殻が非常に厚く頑丈である。

殻径 85mm

世 インド・西太平洋海域

日 紀伊半島以南

深 潮間帯

生態写真1（田中）。幼体の体色はオリーブ色が混じった黒色

生態写真2（田中）。成体の体色は青みがかった黒色

35

スベトゲガンガゼ

Lissodiadema lorioli Mortensen, 1903

正形類

ガンガゼ目・ガンガゼ科

ガンガゼ科では小型種。殻は紙のように薄く非常にもろい

反口側の歩帯の主疣は不規則に 3-4 列

赤道部の間歩帯は 6 列の主疣を備える

RUMF-ZE-00509
（殻・生態写真提供：小渕正美）

夜行性種とされ、サンゴ礁のクレバス内に生息する。棘は波に揺られてなびくほど細く華奢であるが、毒があり刺されると痛い。ハワイ、グアムに生息する *L. purpureum*（A. Agassiz & H.L. Clark, 1907）は本種のシノニムになる可能性がある。

殻径 30mm

世 インド・西太平洋海域
日 南西諸島以南
深 水深5～50m

棘は非常に細くしなやか。表面は滑らか

肛門は球状に膨らみ、やや暗い、黒っぽい色

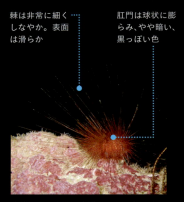

生態写真。夜間に岩礁上に這い出てくる

アスナロガンガゼ

Centrostephanus asteriscus asteriscus A. Agassiz & H.L. Clark, 1907

正形類

ガンガゼ目・ガンガゼ科

ガンガゼ科では小型種

赤道部の間歩帯は8列の主疣を備える

赤道部の歩帯は2列の主疣を備える

RUMF-ZE-00510
(殻・生態写真提供：小渕正美)

夜行性種とされる。ガンガゼ科の中では比較的小型の種類。ガンガゼやアオスジガンガゼの小型個体と同所的に見られるが、棘に赤色の横縞があること、肛門が膨らまないことで区別できる。

殻径 25mm
世 ハワイ諸島
日 南西諸島・小笠原
深 水深9.6〜463m

主棘は暗赤色の横縞がある
肛門は膨らまない

生態写真。夜間に岩礁上に這い出てくる

※側面写真は歩帯側から撮影

オトメガゼ

Caenopedina mirabilis (Döderlein, 1885)

正形類

オトメガゼ目・オトメガゼ科

殻は小型で頑丈

頂上系はすべての終板が
生殖板の外側に位置する

棘疣の基部は
刻まれない

やや深場の砂泥底上に生息する。オトメガゼの仲間は一見するとガンガゼ目であるが、まったく異なるグループであることが詳細な形態とDNAを用いた解析により明らかにされている。毒はないと考えられている。

- 殻径 30mm
- 世 日本近海のみ
- 日 九州南端から相模湾、日本海の能登、佐渡、山形からも記録がある
- 深 水深80〜360m

主棘はガンガゼ目と
比べてかなり頑丈

主棘は暗赤色の
横縞がある

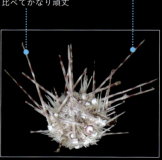

有棘標本（幸塚）

カサアシガゼ（新称）

Micropyga tuberculata A. Agassiz, 1879

殻は柔軟性がある
頂上系は単環型

正形類
カサアシガゼ目・カサアシガゼ科

殻は黄緑色（上3点の写真は表皮が付着したままであるため、黄緑色の部分は見えていない）
（殻写真 撮影：田中颯）

※採集が稀であり殻標本の入手が困難であったため、表皮付きの標本を掲載した

TAMBL-EC 12

おそらく砂泥底上に生息する。殻に柔軟性があるため、しばしばフクロウニ目と誤認されることが多い。傘状の特殊な管足をもつことによりすべてのウニと区別できるが、この器官の生態的意義は不明である。和名は傘状の管足をもつことにちなむ。

殻径 130mm
世 インド・西太平洋海域
日 熊野灘以南
深 水深150〜1340m

生体は鮮やかな紅色

生体写真（提供：あわしまマリンパーク）

アルバキア目
Arbacioida
アルバキア科 Arbaciidae

ホンウニモドキ目
Stomopneustoida
ホンウニモドキ科 Phymosomatidae
クロウニ科 Stomopneustidae

ヤマトベンテンウニ

クロウニ

歯の内面にキール構造（→p.8）を呈するスティロドント型ランタンをもつグループです。両目は性質的に似た分類群であるため本書では同じ項としています。スティロドント型ランタンはそれまでのランタンに比べて機械的に強いことから多様な餌資源を利用でき、両目はジュラ紀までは形態・種数共に著しい多様化を遂げました。しかし、白亜紀に出現した強力な口器をもつカマロドント目（→p.45）との競争に敗れ大部分が絶滅し、現在は一部の系統しか残っていません。

ベンテンウニ

Coelopleurus maculatus A. Agassiz & H.L. Clark, 1907

正形類

アルバキア目・アルバキア科

反口側は白色〜淡黄緑色で、裸状域のみ鮮やかな色彩

裸状域は中心線が白色〜紫色で側縁部は赤紫色

囲肛板は放射状に並んだ3-5枚の大板

主棘は淡黄緑色の地に朱赤色の太い横縞をもつ

詳細不明。やや深場の種類であるが稀にダイバーに目撃されている。刺網などで混獲され捨てられていることがある。極彩色の体色の生態的意義は解明されていない。

|殻径| 30mm

|世| モルッカ諸島・カイ諸島近海

|日| 九州南端から相模湾・福井県沿岸、富山湾からの記録もある

|深| 水深70〜360m

生体標本（幸塚）

ヤマトベンテンウニ

Coelopleurus undulatus Mortensen, 1934

正形類

アルバキア目・アルバキア科

反口側は全体的に鮮やかな赤、白、すみれ色で彩られる

裸状域は鮮やかなすみれ色地に、白色〜薄赤色の細い波状の線が入る

囲肛板は放射状に並んだ3-5枚の大板

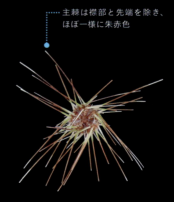

主棘は襟部と先端を除き、ほぼ一様に朱赤色

有棘標本（田中）

詳細不明。深場の種類であるが稀にダイバーに目撃されている。ベンテンウニと同様に刺網などで混獲される。生体も殻も非常に美しいが、やはり体色の生態的意義は不明である。

殻径 30mm

世 日本近海のみ

日 九州南端から相模湾

深 水深200〜400m

ツガルウニ

Glyptocidaris crenularis A. Agassiz, 1864

正形類　ホンウニモドキ目・ホンウニモドキ科

殻は淡褐色

周溝は刻まれる

殻表面に溝などはない

砂泥底表面に生息する。日本近海にしか分布しない固有種である。ホンウニモドキ目の多くは、外見ではカマロドント目とまったく区別できない。

殻径 60mm
世 日本近海のみ
日 東北沿岸から北海道北端
深 水深4〜150m

生体は淡褐色。
棘基部周辺のみ赤色

生体写真（幸塚）

クロウニ

Stomopneustes variolaris (Lamarck, 1816)

正形類

ホンウニモドキ目・クロウニ科

殻は白色〜黄緑色

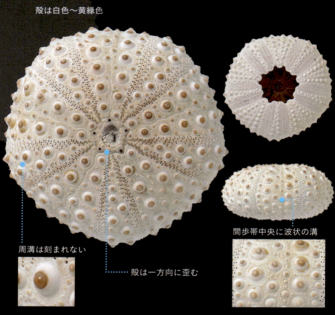

周溝は刻まれない

殻は一方向に歪む

間歩帯中央に波状の溝

生体は黒色。日照下では全体的に緑色の構造色を放つ

棘には微小突起が並び、触れると吸い付くような感触

サンゴ礁においてナガウニ属（*Echinometra*）が穿ったくぼみにすみ込んでいることが多い。黒い体色や歪んだ殻、他のウニの巣穴にすみ込む点など、生態・形態共にムラサキウニと収斂を遂げている。

殻径 60mm

世 インド・西太平洋海域

日 紀伊半島以南

深 潮間帯〜潮下帯

生態写真（幸塚）

カマロドント目
Camarodonta

サンショウウニ科　Temnopleuridae
ナガウニモドキ科　Parasaleniidae
オオバフンウニ科　Strongylocentrotidae
ナガウニ科　Echinometridae
ラッパウニ科　Toxopneustidae

シラヒゲウニ

キール構造（→p.8）をもつ歯に加えて、機械的に強固な構造のカマロドント型のランタンをもつグループです。カマロドント型ランタンはスティロドント型ランタンよりも機械的に強力であるため、付着生物などを硬い基質ごと削り取って餌資源として利用することができ、現在種数としては最も繁栄している正形類となっています。形態・生態的にも多様で、世界中の海域のあらゆる環境に適応しています。カマロドント目のウニは基本的に殻の輪郭が円形ですが、ナガウニモドキ科とナガウニ科の一部の種では、殻の輪郭が楕円形であることが特徴です。

サンショウウニ

Temnopleurus toreumaticus (Leske, 1778)

正形類

カマロドント目・サンショウウニ科

殻は濃いオリーブ色

肛門は囲肛部の中央に開く

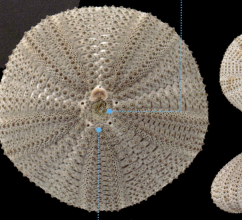

すべての終孔は囲肛部と接しない

殻板の縁に鋭く切り込まれる溝がある

周溝は刻まれる

棘には縞模様が入る

岩礁と砂泥底の両方が混ざったような環境に生息する。岩礁では管足で、砂地では口側の扁平な棘を使い分けることで2種類の環境でうまく立ち回っているようである。アマモ場からもよく見つかる。

- 殻径 50mm
- 世 インド・西太平洋海域
- 日 九州南端から相模湾、新潟県以南
- 深 潮間帯〜水深45m

生態写真（幸塚）

キタサンショウウニ

Temnopleurus hardwickii (Gray, 1855)

正形類　カマロドント目・サンショウウニ科

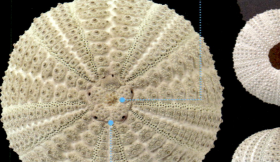

- 殻は淡いオリーブ色
- 肛門は囲肛部の中央に開く
- すべての終孔は囲肛部と接しない
- 殻板の縁に境界が不明瞭な浅い溝がある
- 周溝は刻まれる

棘には縞模様がない

砂泥底上に生息する。サンショウウニとは殻の彫刻と棘の色で区別することができるが、殻の彫刻は微妙な違いであるため、棘の色彩で同定することをおすすめする。

殻径 50mm
世 日本近海のみ
日 九州北部から北海道南部
深 潮下帯〜水深35m

有棘標本（田中）

ハリサンショウウニ

Temnopleurus reevesii (Gray, 1855)

正形類

カマロドント目・サンショウウニ科

頂上系に近い板は茶色、口側は白色

肛門は囲肛部で偏って開く

殻板の縁に明瞭なくぼみがある　周溝は刻まれる

棘には縞模様がない

砂泥底上に生息する。若い個体は赤道部付近の棘が殻直径と同じ長さ。サンショウウニと似るが、棘の色と肛門の開口部分で区別することができる。殻の色彩はあいまいなことが多いためあまり信頼できない。

殻径 45mm
世 インド・西太平洋海域
日 北海道南部以南
深 水深5〜565m

生体写真（幸塚）

48

コデマリウニ

Temnotrema sculptum A. Agassiz, 1864

殻は非常に小型

正形類

カマロドント目・サンショウウニ科

色彩変異に富む

殻板の縁に明瞭なくぼみがある　周溝は刻まれない

岩礁と砂泥底が混ざったような環境に生息する。赤色の色彩をもつものは別種 *T. rubrum*（Döderlein, 1885）とされるが、色彩変異ではないかと思われるため今後検証が必要。

殻径 10mm

世 日本近海のみ

日 本州北端以南

深 潮間帯〜水深500m

生体写真（幸塚）

49

ヒオドシウニ属の一種

Salmacis sp.

正形類

カマロドント目・サンショウウニ科

殻は淡褐色

肛門は囲肛部の中央に開く

反口側の歩帯の主疣は殻板1枚ごとに生じる

殻板の水平な縫合部に浅い溝がある

（殻写真 撮影：田中颯）

岩礁の上に生息する。ダイバーに稀に目撃される、極彩色の棘をもつ美麗なウニ。本属は分類があまり整理されておらず、ピッタリ決められる種が存在しないため種は不明として扱う。

殻径 60mm

世 詳細不明

日 相模湾以南

深 潮下帯

棘は赤朱色の地に白色の横縞をもつ

有棘標本（田中）

ユキレンゲウニ

Salmaciella dussumieri (L. Agassiz in L. Agassiz & Desor, 1846)

正形類

カマロドント目・サンショウウニ科

肛門は囲肛部に偏って開く

殻板の水平な縫合部に浅い溝がある

反口側の歩帯の主疣は殻板2枚ごとに生じる

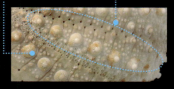

主棘は白色の地に紫色の縞模様が入る

砂泥底上に生息する。本種を含めサンショウウニ科の砂泥底上に生息する種の多くは口側に扁平な棘をもつ。棘を扁平にすることにより海底面に接する面積を増やし、砂泥底で沈むことを防いでいると考えられている。

殻径 35mm

世 トレス海峡から日本近海

日 相模湾以南（太平洋側）、日本海側では山口県から記録あり

深 水深7〜180m

生体写真
（提供：下関市立しものせき水族館）

ニッポンコシダカウニ（新称）

Mespilia levituberculatus Yoshiwara, 1898

正形類

カマロドント目・サンショウウニ科

反口側の間歩帯中央には広い裸状域がある

裸状域とそれ以外の領域の境界が不明瞭

間歩帯板の高さは低い

NSMT E-12733

裸状域は淡緑色〜暗緑色、それ以外は淡赤色〜暗赤色。間歩帯と歩帯の中央に白色の線が入ることもある

色のバリエーション

岩礁の上に生息する。管足を使って海藻片を体表に貼り付けカムフラージュする。長らくコシダカウニと同種とされてきたが、本書では別種として扱う。和名は日本近海にのみ生息することにちなむ。

- 殻径 30mm
- 世 日本近海のみ
- 日 九州南端から相模湾、新潟県以南
- 深 潮間帯

生態写真（幸塚）

コシダカウニ

Mespilia globulus (Linnaeus, 1758)

正形類　カマロドント目・サンショウウニ科

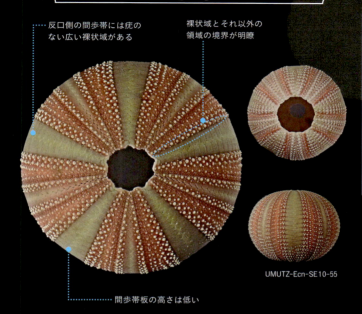

- 反口側の間歩帯には疣のない広い裸状域がある
- 裸状域とそれ以外の領域の境界が明瞭
- 間歩帯板の高さは低い

裸状域は緑色、それ以外は赤色

UMUTZ-Ecn-SE10-55

岩礁の上に生息する。管足を使って海藻片を体表に貼り付けカムフラージュする。殻は美しく、しばしばアンティーク系の店で見かける。

殻径 40mm
世 インド・西太平洋海域
日 南西諸島以南
深 潮間帯〜水深60m

生態写真（小渕正美）

ケマリウニ

Microcyphus olivaceus (Döderlein, 1885)

正形類

カマロドント目・サンショウウニ科

歩帯と間歩帯の中心帯域には裸状域がある

歩帯には 4-6 列の主疣

裸状域は境界がやや不明瞭

間歩帯板の高さは高い

色のバリエーション

板縁孔は小さく退化的

岩礁の上に生息する。ケマリウニ属（*Microcyphus*）やコシダカウニ属（*Mespilia*）は特徴的な棘の生えていない広い裸状域をもつが、生時は微小な腺嚢叉棘に覆われているため、外敵に対してノーガードというわけではない。

殻径 40mm
世 日本近海のみ
日 九州南端から相模湾
深 水深70〜700m

生体写真（幸塚）

キリコウニ

Microcyphus excentricus Mortensen, 1940

正形類 カマロドント目・サンショウウニ科

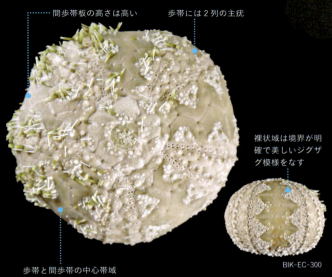

- 間歩帯板の高さは高い
- 歩帯には2列の主疣
- 裸状域は境界が明確で美しいジグザグ模様をなす
- 歩帯と間歩帯の中心帯域には裸状域がある

（殻写真 撮影・提供：小渕正美）

BIK-EC-300

板縁孔は小さく退化的

夜行性種とされ、夜間はサンゴ礁のクレバスの開口付近に出現する。ジグザグ模様の裸状域をガラス細工の切子に見立てて「キリコ」という和名がつけられた。

殻径 20mm
世 フィリピン近海
日 南西諸島以南
深 水深7.0〜13.9m

生態写真（小渕正美）

55

コオロギウニ

Opechinus variabilis (Döderlein, 1885)

正形類 — カマロドント目・サンショウウニ科

殻は褐色で、歩帯は薄く、間歩帯は色濃い

間歩帯赤道部に縦長の白斑

殻表面には大小さまざまな多数のくぼみがある

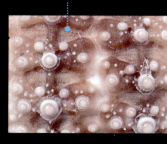

底曳網で採集されるため砂泥底に生息している可能性が高いと思われる。なお、サンショウウニ科の殻表面の特徴的な彫刻は、生物学的な意義が明らかになっていない。ともかく綺麗である。

殻径 15mm

世 日本近海のみ

日 九州南端から相模湾

深 水深100〜550m

ナガウニモドキ

Parasalenia gratiosa A. Agassiz, 1863

殻は白色で、楕円形
頂上系付近はオリーブ色

正形類 カマロドント目・ナガウニモドキ科

囲肛板は4枚

孔対は水平に3個ずつ配列

主棘の基部は白色

転石の裏やサンゴ礁のくぼみに生息する。一見するとナガウニ属（*Echinometra*）と似ているが、囲肛板が4枚であることにより簡単に区別できる。カマロドント目の他科のウニとは系統的に大きく離れた謎多きウニである。

- 殻長 20mm
- 世 インド・西太平洋海域
- 日 小笠原諸島、南西諸島以南
- 深 潮間帯〜水深70m

生態写真（幸塚）

チシマオオバフンウニ

Strongylocentrotus polyacanthus A. Agassiz & H.L. Clark, 1907

正形類 / カマロドント目・オオバフンウニ科 / 食用

殻は薄緑色
殻はかなり頑丈

歩帯には2列の主疣

殻高は高い

孔対はやや水平に6個ずつ配列

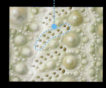

岩礁の上に生息する。1983年に厚岸湾以東で発見されて以来、時折見つかる種類。食用にされるがエゾバフンウニなどより生殖巣の品質が劣り、商業的価格は半値程度だそうである。

殻径 60mm
世 ベーリング海峡近海
日 北海道以北
深 潮間帯〜水深40m

有棘標本（田中）

58

サンリクオオバフンウニ
Strongylocentrotus pallidus (Sars G.O., 1872)

正形類

カマロドント目・オオバフンウニ科

食用

殻は薄緑色〜赤紫色
殻はややもろい

歩帯には2列の主疣

殻高は低い

孔対は弧状に6個ずつ配列

色のバリエーション

有棘標本1（幸塚）

有棘標本2（田中）

生態はあまりわかっていないが、底曳網で混獲されるため砂泥底に生息している可能性が高い。食用とされるがお世辞にも美味と言えないという評判で、流通している話は聞かない。

殻径 50mm
世 北極海を中心に広く分布
日 日本海全域
深 水深5〜1,600m

エゾバフンウニ

Strongylocentrotus intermedius (A. Agassiz, 1864)

正形類

カマロドント目・オオバフンウニ科

食用

殻は薄緑色〜暗緑色

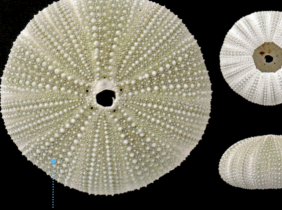

等しい大きさの疣により殻全体が覆われる。主疣は小さく副疣と区別がつかない

孔対は平行に5個ずつ配列

岩礁の上に生息する。食用として最も流通するウニの一つである。バフンウニと酷似するが、バフンウニは孔対が水平に4個ずつ配列することにより区別できる。相模湾以北産の「バフンウニ」は本種であることが多い。

殻径 60mm
世 サハリン・ロシア沿岸
日 相模湾以北
深 潮間帯〜水深35m

有棘標本（田中）

キタムラサキウニ

Mesocentrotus nudus (A. Agassiz, 1864)

正形類

カマロドント目・オオバフンウニ科

食用

殻は暗緑色〜紫色

歩帯には2列の主疣

孔対はやや弧状に6個ずつ配列

棘はザラザラで光沢がない

若い個体は転石下に、成体は岩礁の上に生息する。ムラサキウニと酷似するが、ムラサキウニは孔対が弧状に6-8個ずつ配列することにより区別できる。食用として最も流通するウニの一つである。

- 殻径 60mm
- 世 日本近海のみ
- 日 相模湾、島根県から北海道
- 深 潮間帯〜水深180m

生態写真（幸塚）

61

バフンウニ

Hemicentrotus pulcherrimus (A. Agassiz, 1864)

正形類

カマロドント目・オオバフンウニ科

食用

殻は薄緑色〜暗緑色

等しい大きさの疣により殻全体が覆われる。主疣は小さく副疣と区別がつかない

孔対はやや水平に4個ずつ配列

転石裏に付着したり、転石下の砂利に半分ほど埋もれて生息する。棘付きの形と色が馬糞（バフン）に見えるためこの和名がついた。不名誉な和名であるが美味とされ食用として利用される。

殻径 30mm
世 日本近海のみ
日 九州南端から本州北端
深 潮間帯〜水深40m

生体写真（幸塚）

アカウニ

Pseudocentrotus depressus (A. Agassiz, 1864)

正形類

カマロドント目・オオバフンウニ科

食用

殻は淡桃色

歩帯には2列の主疣

孔対はやや水平に 6-7 個ずつ配列

生態写真1
棘の色が桃色の個体

転石裏に付着したり、転石下の砂利に半分ほど埋もれて生息する。殻の扁平さから昔は「ヒラタウニ」とも呼ばれていた。日本近海にのみ分布する固有種である。食用とされる。

殻径 60mm
世 日本近海のみ
日 九州南端から本州北端
深 潮間帯〜水深50m

生体写真2
棘の色が紫色の個体（1、2ともに幸塚）

63

タワシウニ

Echinostrephus aciculatus A. Agassiz, 1863

正形類

カマロドント目・ナガウニ科

殻は全体的に緑色

赤道部が殻の最も頂上にあり、全体として逆台形となる

孔対は水平に4個ずつ配列

棘の先端が白い

生態写真（幸塚）

岩礁やサンゴ礁に口器で縦長の巣穴を穿ちその中に生息する。タワシウニ属（*Echinostrephus*）は反口側の長い棘だけを巣穴から伸ばし、流れてくる海藻片などを引っ掛け、管足で回収して食べるという濾過食性を示す。

殻径 35mm

世 インド・西太平洋海域

日 九州南端から相模湾

深 潮間帯〜水深30m

ミナミタワシウニ

Echinostrephus molaris (Blainville, 1825)

正形類

カマロドント目・ナガウニ科

殻は全体的に緑色

赤道部が殻の最も頂上にあり、全体として逆台形となる

孔対は水平に3個ずつ配列

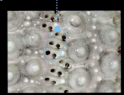

棘の先端は白くならない

生態写真（赤澤）

岩礁やサンゴ礁に口器で縦長の巣穴を穿ちその中に生息する。タワシウニ属（*Echinostrephus*）の縦長の巣穴はランタンにより基質を削り進めることにより作られている。逆台形の特徴的な殻は、直下への掘削に適した形状とされる。

殻径 15mm

世 インド・西太平洋海域

日 南西諸島以南

深 潮間帯～水深50m

ムラサキウニ

Heliocidaris crassispina (A. Agassiz, 1864)

正形類

カマロドント目・ナガウニ科

食用

殻は緑色〜紫色

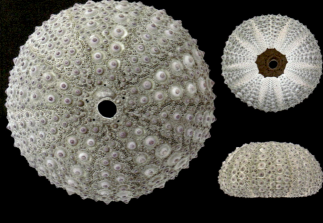

孔対は弧状に6-8個ずつ配列

棘は滑らかで光沢がある

転石裏に付着したり、岩礁のくぼみに生息する。くぼみに生息する個体は、くぼみ側の棘が短く、その反対の外界に向けられた棘の方が他より長い傾向がある。タワシウニのように濾過食をしているのかもしれない。

殻径 60mm

世 日本近海のみ

日 九州南端から相模湾、福井県沿岸

深 潮間帯〜水深70m

生態写真（幸塚）

ホンナガウニ

Echinometra sp. A

正形類

カマロドント目・ナガウニ科

殻は白色で、楕円形

多孔板上の小疣数が 10 以上

孔対はやや弧状に 4 個（稀に 3、5）ずつ配列

棘の色は桃色や茶色、緑色とさまざま

リーフエッジ付近の石灰岩に口器で溝状の巣穴を穿ちその中に生息する。長らく、日本近海のナガウニ属（*Echinometra*）は本種1種類とされてきたが、形態とDNAを用いた解析の両方から後述の3種が含まれることが明らかにされた。

殻長 40mm
世 インド・西太平洋海域
日 紀伊半島以南
深 潮間帯

生態写真（幸塚）

ツマジロナガウニ

Echinometra sp. B

正形類

カマロドント目・ナガウニ科

殻は白色で、楕円形

多孔板上の
小疣数が5以下

孔対はやや弧状に
4個（稀に3、5)
ずつ配列

波浪の影響の少ないリーフ内の岩礁上などに生息する。ナガウニ属の他3種よりも低水温の海にも進出しており、本州でも普通に見ることができる。棘が付いていれば日本近海産ナガウニ属（*Echinometra*）4種で最も分類しやすい。

棘の色は茶色〜緑色。先端は白色

殻長 40mm

世 インド・西太平洋海域

日 相模湾以南

深 潮間帯

生態写真（田中）

リュウキュウナガウニ

Echinometra sp. C

正形類

カマロドント目・ナガウニ科

殻は白色で、楕円形

多孔板上の
小疣数が5以下

ホンナガウニと同じくリーフエッジ付近の石灰岩にランタンで溝状の巣穴を穿ちその中に生息する。巣穴は日照の良い環境にあるため海藻が生えやすく、それを餌にしている。良い環境を巡って巣穴を奪い合うこともある。

殻長 40mm
世 インド・西太平洋海域
日 紀伊半島以南
深 潮間帯

孔対はやや弧状に4個
(稀に3、5)ずつ配列

生態写真(田中)。棘の色は桃色や茶色、緑色とさまざま

ヒメクロナガウニ

Echinometra sp. D

正形類

カマロドント目・ナガウニ科

殻は楕円形

多孔板上の
小疣数が5以下

孔対はやや弧状で
4個（3、5も割合
多い）ずつ配列

ホンナガウニやリュウキュウナガウニと同じくリーフエッジ付近の石灰岩にランタンで溝状の巣穴を穿ちその中に生息する。2種と比べるとやや深めの溝を巣穴にする傾向がある。大抵巣穴の奥に鎮座しているため採集がやや難しい。

殻長 40mm

世 インド・西太平洋海域

日 紀伊半島以南

深 潮間帯

有棘写真（田中）。棘の色は濃緑色〜黒色

70

パイプウニ

Heterocentrotus mamillatus (Linnaeus, 1758)

正形類

カマロドント目・ナガウニ科

殻は白色で、楕円形

頂上系付近の 1-2 個の
ものを除いて主疣は巨大

夜行性種とされ、昼間はサンゴ礁のくぼみや隙間で隠れている。隠れる時は巨大な棘を器用に動かして隙間やくぼみに入り込んだ上、巨大な棘を展開したまま固定してしまうため、容易には引っ張り出すことができない。

殻長 70mm
世 インド・西太平洋海域
日 紀伊半島以南
深 潮間帯〜水深25m

主棘は巨大な棍棒状

副棘は先端が
平たいテーブル型

生態写真（田中）

ジンガサウニ

Colobocentrotus mertensii Brandt, 1835

正形類

カマロドント目・ナガウニ科

食用

殻は緑色で、楕円形

口側の孔対は非常に密集し発達する

口側は平たく反口側は流線型

主棘は先端が平たいテーブル型

非常に強い波が打ち寄せる岩礁や転石に強く付着して生息する。口側の管足数を増やし吸着力を高め、かつ流線型の形状により波の抵抗を和らげることで、波浪環境中においても脱落せずに固着し続けられる。稀に食用とされる（石垣島など）

殻長 50mm

世 インド・西太平洋海域

日 紀伊半島以南

深 潮間帯

生態写真（田中）

マメラッパ (新称)

Cyrtechinus verruculatus (Lütken, 1864)

正形類

カマロドント目・ラッパウニ科

殻は非常に小型

殻には黒色の斑点がある

NSMT E-12731

色彩変異に富む

孔対は水平に3個ずつ配列

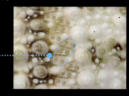

転石の裏側に付着する。体表に海藻片を付着させてカムフラージュする。一見すると後述のマダラウニに似ているが、小型種であることと孔対の並び方で区別できる。

殻径 15mm
世 インド・西太平洋海域
日 南西諸島以南
深 潮間帯〜水深130m

有棘写真(田中)

73

ラッパウニ

Toxopneustes pileolus (Lamarck, 1816)

正形類

カマロドント目・ラッパウニ科

鰓裂※は極めて深く切り込まれる

孔対は水平に3個ずつ配列

殻は色彩変異に富む

岩礁やサンゴ礫上に生息する。ラッパウニ属（*Toxopneustes*）の腺嚢叉棘は大部分が弱毒の偽物で、十数本だけ猛毒の本物が混在している。毒は効果に個人差があると言われていたが、本物に咬まれたかによって症状が違っていただけの可能性が高い。決して素手で扱ってはいけない。

棘は緑～赤色で模様はない

ラッパ状の巨大な腺嚢叉棘をもつ

殻径 90mm
世 インド・西太平洋海域
日 相模湾、隠岐島以南
深 潮間帯～水深30m

生態写真（田中）

※鰓裂：囲口部縁において間歩帯と歩帯の間にある切れ込み

毒のあるウニ②

column

　毒をもつウニで最も気をつける必要があるのはラッパウニではないかと思います（図1、2）。ラッパウニがもつ有毒の器官は予備知識がないとわかりにくい箇所にあり、毒は腺嚢叉棘にあります。他の大部分のウニも有毒の腺嚢叉棘をもつのですが、非常に小さく、毒性も非常に弱いため、ヒトに対して危害を与えることはほとんどありません。一方でラッパウニの腺嚢叉棘は、大きく、ラッパ状に大きく開口して体表の器官で最も目立つものになっています（図3、4）。ラッパウニの叉棘は注射器状の先端から毒液が注入される機構になっています。棘のように刺される訳ではなく、噛み付かれて毒を注入されるわけです。

　過去の図鑑やインターネット上の情報ではラッパウニの毒性は個人差があると紹介されることが多いのですが、これらは誤解である可能性が高いです。実はラッパウニの叉棘の大部分は"偽物"であり、十数本だけ"本物"が忍び込んでいます。偽物は弱毒で、刺されてもヒトであればほぼ影響はありません。その一方で、本物は強力な神経毒であり、呼吸困難といった症状が引き起こされます。つまり、過去に観測されてきた症例の個人差は、この本物に刺されたか否かの可能性が高いと考えられます。

図1　ラッパウニの生体
ラッパウニはサンゴ片を体に貼り付けて目立たないことが多い。海に素足で入ってはいけない理由の一つ

図2　海水から引き上げられたラッパウニ
海水外では腺嚢叉棘がしぼむ。見た目で勘違いして毒のあるウニを触ってしまわないように、漁労屑置き場や海岸など水のない場所の採集でも軍手をしよう

図3　ラッパウニの腺嚢叉棘が開いている状態
多くは弱毒の偽物だが、数本だけ猛毒の本物が紛れている

図4　ラッパウニの腺嚢叉棘が閉じている状態
つぼみのように閉じる

クロスジラッパウニ

Toxopneustes elegans Döderlein, 1885

正形類

カマロドント目・ラッパウニ科

鰓裂は極めて深く切り込まれる

UMUTZ-Ecn-SE15-05

殻は淡紫紅色

孔対は水平に3個ずつ配列

棘に黒色の縞模様がある

ラッパ状の巨大な腺嚢叉棘をもつ

岩礁やサンゴ礫の上に生息する。小石や死サンゴでカムフラージュしていることが多い。生態や危険性はラッパウニと同様。日本にしか分布しない固有種である。

殻径 70mm
世 日本近海のみ
日 相模湾以南
深 潮間帯〜水深20m

生態写真（田中）

シラヒゲウニ

Tripneustes gratilla (Linnaeus, 1758)

正形類　カマロドント目・ラッパウニ科

食用

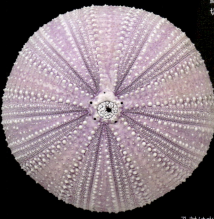

殻は全体的に薄い紫色で、孔対周辺は白い

鰓裂は極めて深く切り込まれる

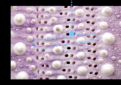

孔対は水平に3個ずつ配列し、3縦列並んだように見える

棘や管足は白色

生態写真（田中）

岩礁やサンゴ礫の上に生息する。しばしば体表にサンゴ片や海藻を貼り付けているが、これはカムフラージュというより紫外線対策などの別の役割があるのではないかと考えられている。南西諸島では食用とされる。

殻径 80mm

世 インド・西太平洋海域
日 相模湾以南
深 潮間帯〜水深30m

77

マダラウニ

Pseudoboletia indiana (Michelin, 1862)

正形類

カマロドント目・ラッパウニ科

殻は白色で、反口側の間歩帯・歩帯の中央に 1-2 個の黒い斑がある

鰓裂は極めて深く切り込まれる

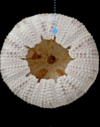

色のバリエーション

孔対は弧状に 4 個ずつ配列する。そのうち 2 列はほぼ縦に並ぶため、3 縦列並んだように見える

棘は殻の色と同じ

生態写真（田中）

岩礁やサンゴ礫、砂地の上に生息する。小石や死サンゴでカムフラージュしていることが多い。マダラ模様がまったくない純白の殻をもつものも稀に見つかるが、体色以外は同じであるため、現在は同種とされる。

殻径 60mm

世 インド・西太平洋海域

日 相模湾以南

深 潮間帯〜水深100m

タマゴウニ目
Echinoneioida
タマゴウニ科 Echinoneidae

タマゴウニ

ジュラ紀に非常に繁栄しましたが、後に衰退し、現生種は3種だけとなっています。正形類の特徴と不正形類の特徴を両方備えています。化石種の多くは正形類のそれと非常に似た口器をもっていましたが、現生種では口器は痕跡的で、幼体の時に一時的にもっているだけです。多くの不正形類にとっての"生きた化石"と言えます。熱帯域の浅海に生息しています。

タマゴウニ

Echinoneus cyclostomus Leske, 1778

不正形類

タマゴウニ目・タマゴウニ科

殻は楕円形。殻板は厚く、かなり頑丈

周口部は左に偏った三角形

頂上系は殻の中央

囲肛部は縦長の楕円形

乳頭部は無孔

ガラス状の疣が発達する

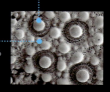

サンゴ礫下の荒い砂礫中に生息しており、礫の裏側に張り付いていることも多い。サンゴ礫下の調査が難しいため生体を得るのは大変だが、漂着した殻は普通に拾うことができる。歪んだ三角形の周口部が見所。

殻長 30mm

世 インド・西太平洋海域

日 紀伊半島以南

深 潮間帯〜水深570m

有棘標本(幸塚)

ウスカラタマゴウニ (新称)

Koehleraster abnormalis (de Loriol, 1883)

不正形類

タマゴウニ目・タマゴウニ科

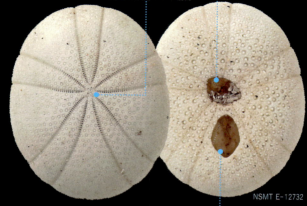

殻は楕円形。殻板は薄く、もろい
頂上系は殻のやや前方
周口部は左に偏った三角形
NSMT E-12732
囲肛部は縦長の楕円形

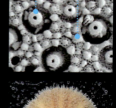

乳頭部は有孔
ガラス状の疣はあまり発達しない

タマゴウニと同じくサンゴ礫下の荒い砂礫中に生息する。タマゴウニより個体数が少ない印象であり、実際漂着もかなり稀。タマゴウニより殻がもろいので取り扱いには注意。和名はタマゴウニよりも殻板が薄いことにちなむ。

殻長 20mm

世 インド・西太平洋海域

日 南西諸島以南

深 潮間帯

有棘標本（田中）

81

タコノマクラ目
Clypeasteroida
タコノマクラ科 Clypeasteridae

タコノマクラ

食溝
タコノマクラ目とカシパン目の周口部から伸長する溝。反口部で集められた餌はこの溝を通って口に運ばれる。

新生代以降に出現した、カシパン目に次いで新しいグループで、浅海域の砂泥底に適応しています。タコノマクラ科はパンケーキやヘルメットにもたとえられ、反口側の中央が膨らんだやや扁平な殻をもちます。センベイウニ科（日本近海には生息しません）はp.88で解説するカシパン目と酷似した非常に扁平な殻をもちます。以前はカシパン目もタコノマクラ目に含まれていましたが、近年のDNA解析により異なる系統であることが明らかとなりつつあります。

日本産タコノマクラ・カシパンの大分類

タコノマクラ目とカシパン目は外見が似た仲間が多いため、同定の際には適切な検索に従うことをおすすめします（正確な同定には顕微鏡での観察や、殻を破壊して殻の内部を確認する必要があります）。

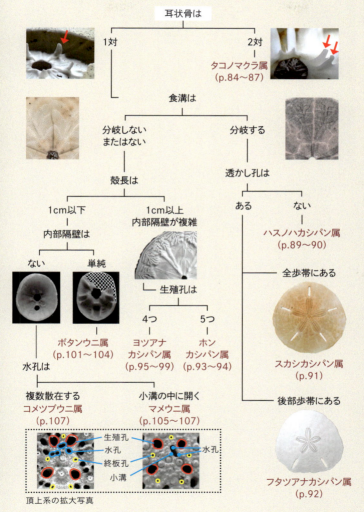

頂上系の拡大写真

タコノマクラ

Clypeaster japonicus Döderlein, 1885

不正形類

タコノマクラ目・タコノマクラ科

花紋全体の長さは殻長の半分以上

周口部付近は緩やかに陥入する

反口側は盛り上がる

囲肛部は殻の後端付近

やや粗めの砂底に半分ほど埋もれて生息する。基本的には砂底のデトリタスを餌とするが、岩礁や防波堤をよじ登り海藻を咥えている姿を見かけることがある。もしかしたら餌として利用しているのかもしれない。

- 殻長 130mm
- 世 日本近海のみ
- 日 九州南端、小笠原諸島から本州北端
- 深 潮間帯〜水深50m

生体写真（幸塚）

ユメマクラ

Clypeaster oshimensis **Ikeda, 1935**

花紋全体の長さは殻長の半分以上

反口側は盛り上がる

囲肛部は殻の後端付近

不正形類

タコノマクラ目・タコノマクラ科

周口部付近は著しく陥入する

1935年に新種として記載され、2008年に再発見されるまで永らく幻の存在であったことにちなみ「ユメ」の名が与えられた。しかしタコノマクラと中間的な形態の個体が散見されるため、別種かどうかの検証が今後必要と思われる。

殻長 100mm
世 日本近海のみ
日 南西諸島から相模湾
深 潮下帯

有棘標本（田中）

ヤマタカタコノマクラ

Clypeaster virescens Döderlein, 1885

不正形類

タコノマクラ目・タコノマクラ科

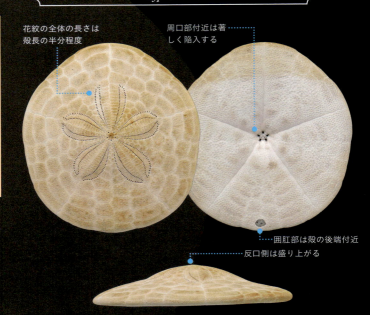

花紋の全体の長さは殻長の半分程度

周口部付近は著しく陥入する

囲肛部は殻の後端付近

反口側は盛り上がる

やや粗めの砂底に半分ほど埋もれて生息する。底曳網で混獲されることが多い。本種を含め、タコノマクラ目とカシパン目の多くの種は衰弱すると体液が緑色に変色する。エタノールで固定する際も変色するため注意。

殻長 110mm
世 インド・西太平洋海域
日 相模湾以南
深 水深100〜300m

生体写真（幸塚）

86

ヒメタコノマクラ

Clypeaster reticulatus (Linnaeus, 1758)

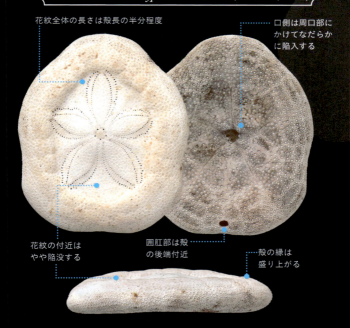

- 花紋全体の長さは殻長の半分程度
- 口側は周口部にかけてなだらかに陥入する
- 花紋の付近はやや陥没する
- 囲肛部は殻の後端付近
- 殻の縁は盛り上がる

不正形類

タコノマクラ目・タコノマクラ科

やや粗めの砂底に半分ほど埋もれて生息する。岩の裏側に張り付いていたり、サンゴ礁を這い登っている姿を見かけることがある。タコノマクラ属（*Clypeaster*）では最も小さな種である。

殻長 50mm
世 インド・西太平洋海域
日 紀伊半島以南
深 潮間帯〜水深125m

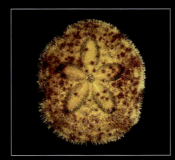

生体写真（幸塚）

87

カシパン目
Scutellina

ヨウミャクカシパン科　Scutellidae
スカシカシパン科　Astriclypeidae
カシパン科　Laganidae
ボタンウニ科　Echinocyamidae
マメウニ科　Fibulariidae

スカシカシパン

タコノマクラ目と同様に新生代以降に出現した、おそらくウニ綱で最も新しいグループです。世界中の浅海域を中心に著しく多様化を遂げ、殻を貫通する"透かし孔"をもつ種や、1cm以下の小型の殻をもつ種など、形態的にユニークな種を多く含みます。本目とタコノマクラ目は微小な管足を歩帯だけでなく間歩帯にも備えることが特徴的です。砂に浅く潜り、反口側の棘を"ふるい"のように使って砂粒よりも小さな有機物片を濾し取り、全身から生える莫大な数の管足で口まで運び食べるという独特な摂餌システムをもっています。なお、カシパンという名称は明治以降に名付けられ、当時の「甘食」のようなお菓子にみたてたのだと考えられています。

ハスノハカシパン

Scaphechinus mirabilis A. Agassiz, 1864

不正形類
カシパン目・ヨウミャクカシパン科

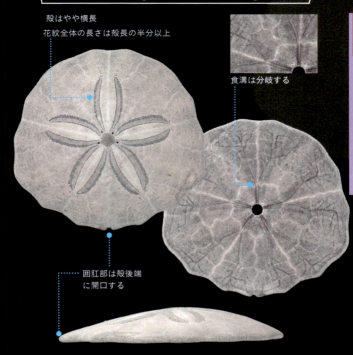

殻はやや横長
花紋全体の長さは殻長の半分以上

食溝は分岐する

囲肛部は殻後端に開口する

砂泥底中に浅く潜って生息する。時には海底を埋め尽くすほどの高密度に分布し、二枚貝などの水産重要種の成長を阻害することもある。

殻長 60mm
世 カムチャッカ沿岸、朝鮮半島、中国北部
日 九州南端から北海道
深 潮間帯〜水深125m

生体の体色は幼体は濁った緑色、成体は紫色

有棘標本（田中）

ハイイロハスノハカシパン

Scaphechinus griseus (Mortensen, 1927)

不正形類 カシパン目・ヨウミャクカシパン科

- ハスノハカシパンよりやや小さい
- 花紋全体の長さは殻長の半分
- 食溝は分岐する
- 囲肛部が反口側に開口する

砂泥底中に浅く潜って生息する。本種に限らずヨウミャクカシパン下目の多くの種は磁鉄鉱を体内に蓄積するという変わった生態をもつ。体の比重を高めて波浪で流されないようにしていると考えられている。

殻長 40mm

- 世 日本近海のみ
- 日 北海道北端
- 深 水深1.5m

生体の体色は灰色

有棘標本（田中）

スカシカシパン

Astriclypeus mannii Verrill, 1867

不正形類

カシパン目・スカシカシパン科

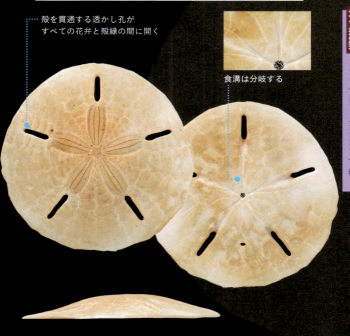

殻を貫通する透かし孔がすべての花弁と殻縁の間に開く

食溝は分岐する

砂泥底中に浅く潜って生息する。時折足の踏み場がないほどの高密度で生息する。生体は体表から分泌された粘液でぬめぬめする。日本近海だけに分布する日本固有種である。

殻長 120mm
世 日本近海のみ
日 相模湾、福井県沿岸以南
深 潮間帯〜水深35m

生体の体色は茶色

生態写真（幸塚）

フタツアナスカシカシパン

Sculpsitechinus tenuissimus (L. Agassiz & Desor, 1847)

不正形類

カシパン目・スカシカシパン科

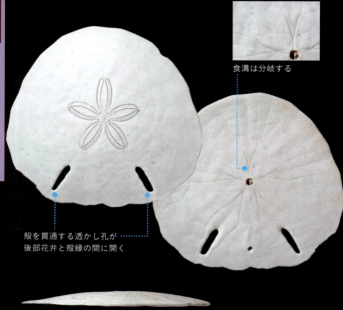

食溝は分岐する

殻を貫通する透かし孔が
後部花弁と殻縁の間に開く

砂泥底中に浅く潜って生息する。口側には寄生性巻貝フタツアナスカシカシパンヤドリニナが寄生していることがある。スカシカシパンと比べると稀な種類である。

殻長 90mm
世 インド・西太平洋海域
日 南西諸島以南
深 潮間帯

生体の体色は紫色

生体写真（幸塚）

ウスカシパン

Laganum depressum L. Agassiz, 1841

不正形類

カシパン目・カシパン科

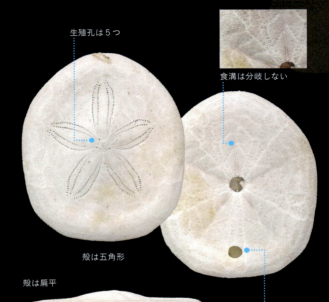

生殖孔は5つ
食溝は分岐しない
殻は五角形
殻は扁平
囲肛部は殻後端寄りに開く

砂泥底中に浅く潜って生息する。「キジムナノカシパン」という和名が新たに提唱されたことがあったが、元々はウスカシパンという和名が提唱されていた。不必要な和名の変更は避けるべきと考え、本和名で掲載することにする。

殻長 30mm

世 インド・西太平洋海域

日 南西諸島以南

深 潮間帯～水深85m

フジヤマカシパン

Laganum fudsiyama Döderlein, 1885

不正形類

カシパン目・カシパン科

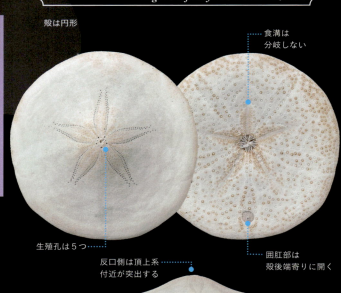

殻は円形

食溝は分岐しない

生殖孔は5つ

反口側は頂上系付近が突出する

囲肛部は殻後端寄りに開く

やや深場の砂泥底中に浅く潜って生息する。底曳網などで頻繁に混獲される。本種のように反口側の頂上系付近が突出する特徴は、タコノマクラ目とカシパン目で複数回進化しているが、生態的意義は謎である。

殻長 40mm

世 インド・西太平洋海域
日 相模湾以南
深 水深50〜645m

生体は茶色

生体写真（幸塚）

ヨツアナカシパン

Peronella japonica Mortensen, 1948

不正形類

カシパン目・カシパン科

殻は円形〜縦長の楕円形

食溝は分岐しない

生殖孔は4つ

囲肛部は殻後端寄りに開く

反口側はやや膨らむ

殻の縁は膨らまない

砂泥底中に浅く潜って生息する。アマモ場では非常に高密度に生息していることもある。和名の「ヨツアナ」は生殖孔が4つ開くことが由来である。口側には寄生性巻貝カシパンヤドリニナが寄生していることがある。

殻長 65mm
世 日本近海のみ
日 九州南端から相模湾、新潟県沿岸
深 水深5〜50m

生体は桃色

生態写真（幸塚）

ミナミヨツアナカシパン

Peronella lesueuri (L. Agassiz, 1841)

不正形類

カシパン目・カシパン科

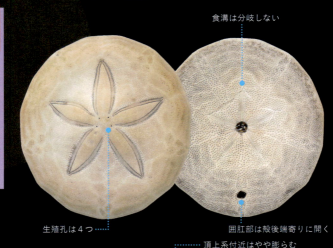

食溝は分岐しない

生殖孔は4つ

囲肛部は殻後端寄りに開く

頂上系付近はやや膨らむ

殻は全体的に分厚い

殻の縁はやや膨らむ

砂泥底中に浅く潜って生息する。ヨツアナカシパンとは形態的には異なる一方、DNAを用いた解析では違いが認められていない。遺伝的にほとんど差がないのに、なぜこんなにも形態が異なるのか、今後研究する価値がありそうである。

殻長 65mm

世 インド・西太平洋海域

日 南西諸島以南

深 潮間帯〜水深70m

生態写真（田中）

ヨツアナカシパンモドキ

Peronella rubra Döderlein, 1885

不正形類

カシパン目・カシパン科

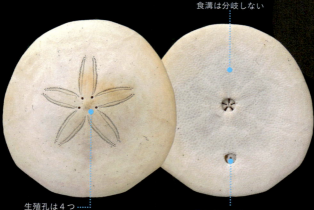

食溝は分岐しない

生殖孔は4つ

囲肛部は殻後端と周口部の中間にある

殻はやや分厚く頑丈

砂泥底中に浅く潜って生息する。ヨツアナカシパンとは囲肛部が殻後端と周口部の中間に位置することで区別できる。花紋の先端が閉じるかどうかで分類できるという話があるが、変異が多くあまり信頼できる特徴ではない。

殻長 40mm
世 インド・西太平洋海域
日 瀬戸内海から本州北端
　　日本海側では富山湾以南
深 水深5〜60m

生体は桃色

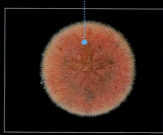

生体写真（幸塚）

ウスヨツアナカシパン

Peronella pellucida Döderlein, 1885

不正形類

カシパン目・カシパン科

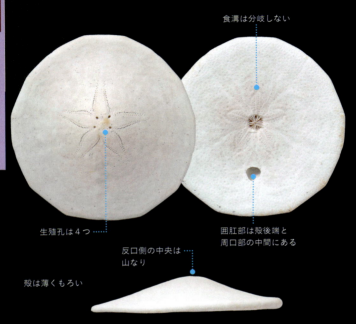

食溝は分岐しない

生殖孔は4つ

囲肛部は殻後端と周口部の中間にある

反口側の中央は山なり

殻は薄くもろい

やや深場の砂泥底中に浅く潜っている。フジヤマカシパンと似るが、生殖孔が4つである点で区別できる。殻は非常に薄くもろいため標本の取り扱いには注意。

殻長 36mm
世 日本近海のみ
日 九州南端から相模湾
深 水深10〜550m

生体は黄土色〜桃色

生体写真（幸塚）

マメヨツアナカシパン

Peronella minuta (de Meijere, 1904)

不正形類

カシパン目・カシパン科

非常に小さい

食溝は分岐しない

生殖孔は4つ

反口側の中央は山なり

比較的深場の砂泥底中に浅く潜って生息する。一見するとカシパン類の幼体に見えるが、殻長1 cm程で性成熟を終え生殖孔が開く点で、成体であることがうかがえる。

殻長 10mm
世 スールー海
日 紀伊半島以南
深 水深15〜25m

生体は薄灰色

生体写真（田中）

99

ボタンウニ・マメウニの大分類

ボタンウニ科とマメウニ科は外見が似た仲間が多いため、同定の際には適切な検索に従うことをおすすめします。（属までの検索は p.83 を参照）。

ボタンウニ属 *Echinocyamus*

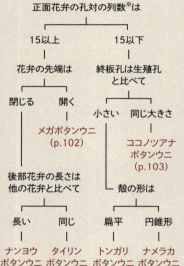

囲肛部がタテの楕円形

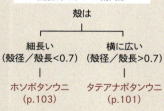

※：列数の数え方については p.7 参照

コメツブウニ属 *Fibulariella*

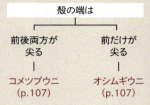

マメウニ属 *Fibularia*

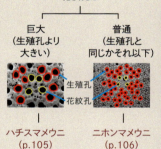

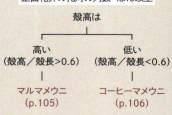

ナンヨウボタンウニ（新称）

Echinocyamus elongatus H.L. Clark, 1914

NSMT E-12736　　殻　　生体

不正形類

カシパン目・ボタンウニ科

生態は不明。本種は長らく南西諸島においてボタンウニ *E. crispus* Mazzetti, 1893と同定されていたが、形態的により適している本学名に同定した。和名は南西諸島以南に生息することにちなむ。

殻長 7.5mm　　世 インド・西太平洋海域　　日 南西諸島以南　　深 潮間帯

タテアナボタンウニ（新称）

Echinocyamus provectus de Meijere, 1903

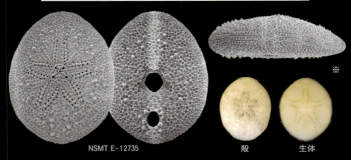

NSMT E-12735　　殻　　生体

生態は不明。和名は縦長の囲肛部をもつことにちなむ。

殻長 7.5mm　　世 インド・西太平洋海域　　日 相模湾以南　　深 水深200m

※側面：反転した写真を使用。（殻・生体写真 撮影：田中颯）

不正形類

カシパン目・ボタンウニ科

トンガリボタンウニ（新称）

Echinocyamus subconicus Mortensen, 1948

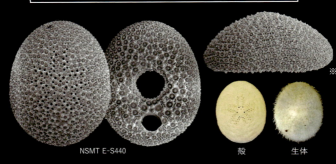

NSMT E-S440　　殻　生体　※

生態は不明。和名は反口側が尖ることにちなむ。本州近海の深場でかなり普通に見つかる。

殻長 5.5mm　　世 インド・西太平洋海域　　日 相模湾以南
深 水深500m

メガボタンウニ（新称）

Echinocyamus megapetalus H.L. Clark, 1914

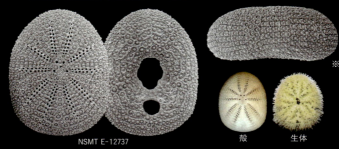

NSMT E-12737　　殻　生体　※

岩礁上に堆積した薄い砂中に生息するという、カシパン目としては珍しい生態をもつ。和名は学名の種小名と巨大な花紋にちなむ。

殻長 7.5mm　　世 インド・西太平洋海域　　日 南西諸島以南
深 潮間帯

ココノツアナボタンウニ（新称）

Echinocyamus grandiporus Mortensen, 1907

生態は不明。和名は終板孔が大きく生殖孔と同じ直径であるために、頂上系に孔が9個あるように見えることにちなむ。

殻長 6.5mm **世** カリブ海 **日** 相模湾以南 **深** 水深200m

ホソボタンウニ（新称）

Echinocyamus sp. A

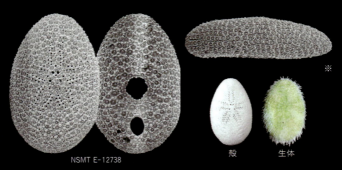

生態は不明。和名は殻が細長いことにちなむ。

殻長 6.5mm **世** 日本近海のみ **日** 小笠原諸島 **深** 水深300m

不正形類

カシパン目・ボタンウニ科

タイリンボタンウニ（新称）

Echinocyamus sp. B

NSMT E-12739

殻　生体

生態は不明。和名は等しい長さの花弁からなる、立派な咲きぶりの花のような花紋をもつことにちなむ。

殻長 5.5mm　**世** 日本近海のみ　**日** 紀伊半島から相模湾
深 水深500m

ナメラカボタンウニ（新称）

ボタンウニ科 | *Echinocyamus* sp. C

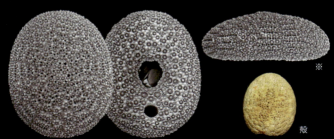

NSMT E-12740

殻

生態は不明。和名は突出したガラス状疣をもたず、殻表面が滑らかであることにちなむ。

殻長 5.5mm　**世** 日本近海のみ　**日** 紀伊半島から相模湾
深 水深500m

マルマメウニ

Fibularia ovulum Lamarck, 1816

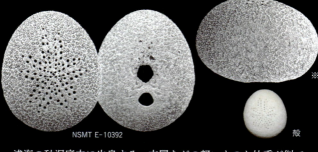

NSMT E-10392　　殻

浅海の砂泥底中に生息する。木屑などの軽いものと比重が似ているらしく、そういったものと同じ打ち上げ帯に殻が漂着していることが多い。

殻長 6.5mm　　世 インド・西太平洋海域　　日 南西諸島以南
深 潮間帯〜水深385m

ハチスマメウニ（新称）

Fibularia cribellum de Meijere, 1903

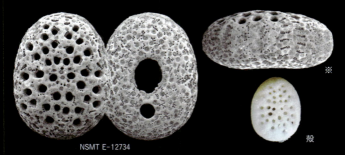

NSMT E-12734　　殻

生態は不明。和名は巨大な生殖孔や花紋孔の集まりが蜂巣のような外見にちなむ。

殻長 4mm　　世 インド・西太平洋海域　　日 南西諸島以南
深 生息水深不明

不正形類

カシパン目・マメウニ科

※側面：反転した写真を使用。（殻・生態写真 撮影：田中颯）

不正形類

カシパン目・マメウニ科

ニホンマメウニ

Fibularia japonica Shigei, 1982

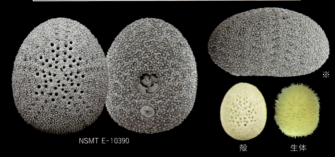

NSMT E-10390　　殻　生体

やや深場の砂泥底中に生息する。性的二形を示し、生殖孔の直径が雌雄間で顕著に異なる。

殻長 5.5mm　**世** 日本近海のみ　**日** 九州南端から相模湾
深 水深30〜100m

コーヒーマメウニ

Fibularia coffea Tanaka et al. 2019

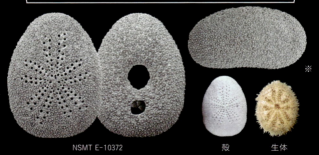

NSMT E-10372　　殻　生体

近年筆者が記載した新種。岩礁上に堆積した薄い砂中に生息するという、カシパン目としては珍しい生態をもつ。

殻長 5.5mm　**世** インド・西太平洋海域　**日** 相模湾以南
深 潮間帯〜水深12m

コメツブウニ

Fibulariella acuta (Yoshiwara, 1898)

NSMT E-11705　　殻　生体

砂泥底中に浅く潜って生息する。コメツブウニ属（*Fibulariella*）はマメウニ科に含まれているが、独自の器官をもつため、今後分類が変わる可能性が高い。

殻長 7mm　**世** インド・西太平洋海域　**日** 相模湾以南　**深** 潮間帯〜水深90m

オシムギウニ（新称）

Fibulariella sp.

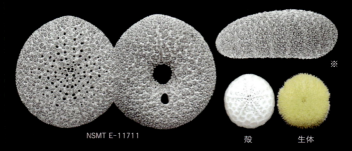

NSMT E-11711　　殻　生体

砂泥底中に浅く潜って生息する。和名は殻が扁平で幅広く、押し麦のように見えることにちなむ。

殻長 5mm　**世** 日本近海のみ　**日** 相模湾以南　**深** 潮間帯

※側面：反転した写真を使用。（殻・生態写真 撮影：田中颯）

ブンブク目
Spatangoida

ヘンゲブンブク科　Palaeopneustidae
ブンブクチャガマ科　Schizasteridae
ホンブンブク科　Spatangidae
ヒラタブンブク科　Loveniidae
オオブンブク科　Brissidae

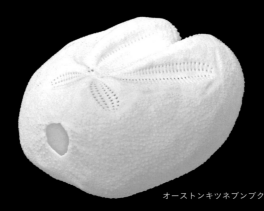

オーストンキツネブンブク

白亜紀後期に出現し、現在ではウニ綱で最も種数の多いグループです。砂泥底中を棘と管足で掘削しながら移動し、周口部近くの房状の管足で砂中の有機物片を掻き集めて餌とします。体表で水循環を効率的に行えるよう繊毛が生えた棘が並ぶ帯線、デトリタスを効率的に収集できるよう房状に広がった管足、堆積物を支えて維持するヘラ状の細かい棘、呼吸坑を作る長い管足など、機能的な新規の器官を多数獲得し、泥底から砂利混じりの砂底などさまざまな環境に適応しています。ブンブクという名称はカシパンと同様に明治以降に名付けられたとされ、昔話「分福茶釜」のタヌキが化けた茶釜がモデルと考えられています。生体の姿が茶釜と似ていると感じたのかもしれません。

ウリザネブンブク

Platybrissus roemeri Grube, 1865

不正形類

ブンブク目・ヘンゲブンブク科

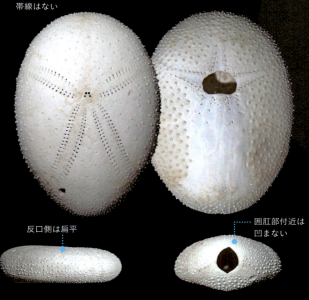

帯線はない

反口側は扁平

囲肛部付近は凹まない

UMUTZ-Ecn-SI11-06
（殻写真 撮影：田中颯）

夜行性種とされ、夜間の砂泥底上で見つかる。昼間はブンブクらしく砂泥底中に潜って隠れていると考えられている。ヘンゲブンブク科はブンブクの特徴である帯線を二次的に失い、砂泥底上に進出した変わったグループである。

殻長 70mm
世 インド・西太平洋海域
日 相模湾以南
深 潮下帯〜水深40m

長い棘

有棘標本（幸塚）

109

バサラブンブク（新称）

Heterobrissus niasicus (Döderlein, 1901)

不正形類

ブンブク目・ヘンゲブンブク科

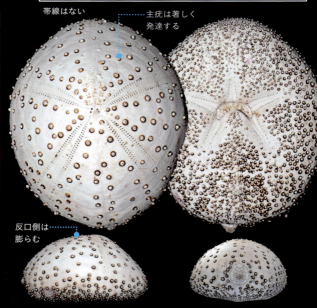

帯線はない
主疣は著しく発達する
反口側は膨らむ

TAMBL-EC 14
（殻写真 撮影：田中颯）

砂泥底上を這って生息する。他のブンブク目のように砂泥底に潜って外敵から隠れるのではなく、正形類のように頑丈な棘を生やし外敵から身を守る戦略を採用したと考えられる。和名はその型破りな生態・形態にちなむ。

殻長 120mm

世 インド・西太平洋海域
日 熊野灘以南
深 水深125〜470m

長大かつ頑丈な棘

生体写真（提供：鳥羽水族館）

ブンブクチャガマ

Ova lacunosus (Linnaeus, 1758)

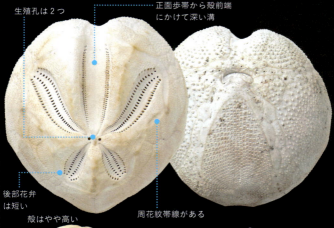

- 生殖孔は2つ
- 正面歩帯から殻前端にかけて深い溝
- 後部花弁は短い
- 殻はやや高い
- 周花紋帯線がある
- 側・肛帯線がある

砂泥底に深く潜って生息する。外敵に襲われにくく安全な一方で餌が少ない砂泥底の深くに本体を置きつつ、正面歩帯から長く発達した管足を海底表面に向かって伸ばし、海底表面の豊富なデトリタスを回収していると考えられている。

殻長 55mm

世 インド・西太平洋海域

日 九州南端から相模湾、日本海側では山形県以南

深 潮下帯〜水深90m

生体写真（幸塚）

不正形類
ブンブク目・ブンブクチャガマ科

オーストンキツネブンブク(新称)

Brisaster owstoni Mortensen, 1950

不正形類

ブンブク目・ブンブクチャガマ科

- 周花紋帯線がある
- 正面歩帯から殻前端にかけて深い溝
- 生殖孔は3つ
- 後部花弁は短い

NSMT E-12730

側・肛帯線がある

泥の多い砂泥底中に潜って生息する。日本近海でキツネブンブク *B. latifrons*（A. Agassiz, 1898）とされてきた種は海域ごとに形態の差異が大きく、今後分類学的研究が必要と思われる。本種は唯一、形態から学名を充てることができた種。和名は学名に献名された標本商アラン・オーストンにちなむ。

殻長 30mm
世 日本近海のみ
日 熊野灘〜相模湾
深 水深35〜1900m

生体写真（幸塚）

112

セイタカブンブク

Moira lachesinella Mortensen, 1930

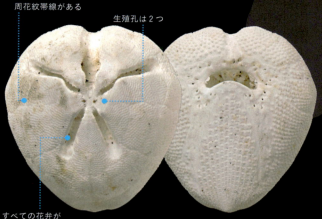

- 周花紋帯線がある
- 生殖孔は2つ
- すべての花弁が著しく陥入する
- 殻は顕著に高い
- 側・肛帯線がある

不正形類

ブンブク目・ブンブクチャガマ科

泥の多い砂泥底中に10〜15cm程度潜って生息する。本体は海底に深く潜り、長く発達した管足で海底表面のデトリタスを収集する、という摂餌戦略を最も発達させた種の一つだろう。

- 殻長 40mm
- 世 日本近海のみ
- 日 九州北部から相模湾、新潟県以南
- 深 潮下帯〜水深15m

有棘標本（田中）

オニヒメブンブク

Maretia planulata (Lamarck, 1816)

不正形類

ブンブク目・ホンブンブク科

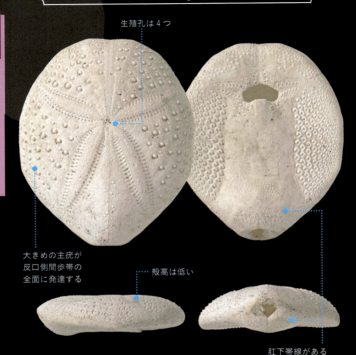

生殖孔は4つ

大きめの主疣が反口側間歩帯の全面に発達する

殻高は低い

肛下帯線がある

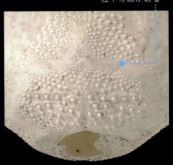

普段は砂泥底中に薄く潜って生息するが、海底表面を歩き回っていることもある。歩き回る際は反口側の棘を逆立てて捕食者からの攻撃を防ぐ。

殻長 50mm

世 インド・西太平洋海域

日 相模湾以南

深 潮下帯〜水深60m

114

ネズミブンブク

Pseudomaretia alta (A. Agassiz, 1863)

不正形類

ブンブク目・ホンブンブク科

前部花弁の前方の孔対は頂上系付近のものは消失する

生殖孔は3つ

前部花弁の後ろには周溝が殻内部に陥入した大型の主疣が1-2個ある

肛下帯線がある

砂泥底中に薄く潜って生息する。一見するとヒラタブンブクの幼体に見えるが、生殖孔が3つであることにより区別できる。殻は非常に薄くもろいため取り扱いには注意。

殻長 40mm

世 インド・西太平洋海域

日 九州南端から相模湾、日本海側では山形県以南

深 潮下帯〜水深204m

生体写真(幸塚)

115

ヒラタブンブク

Lovenia elongata (Gray, 1845)

不正形類
ブンブク目・ヒラタブンブク科

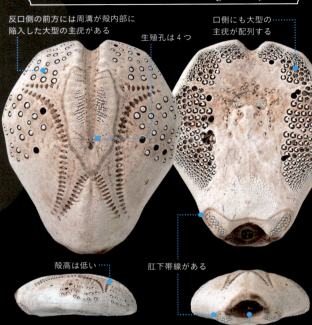

反口側の前方には周溝が殻内部に陥入した大型の主疣がある

生殖孔は4つ

口側にも大型の主疣が配列する

殻高は低い

肛下帯線がある

囲肛部周辺は漏斗状に凹む

普段は砂泥底に薄く潜り生息しているが、危険を察知すると海底表面に這い出て、口側の主棘を使ってかなりの速度で走って逃げる。素早く走ることができるように棘を動かす棘筋が著しく発達しており、その付着部である周溝は殻内部に陥入して発達した棘筋を格納できるようになっている。

殻長 75mm
世 インド・西太平洋
日 相模湾、山形県以南
深 潮下帯〜水深90m

生体写真（幸塚）

オカメブンブク

Echinocardium cordatum (Pennant, 1777)

不正形類

ブンブク目・ヒラタブンブク科

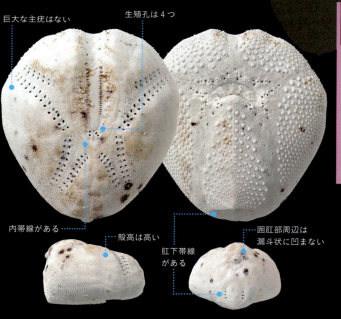

- 巨大な主疣はない
- 生殖孔は4つ
- 内帯線がある
- 殻高は高い
- 肛下帯線がある
- 囲肛部周辺は漏斗状に凹まない

砂泥底中に10〜15cm程度潜って生息する。世界で最も分布が広いウニとされるが、今後の分類学的研究により複数種に分けられる可能性がある。棘にはオカメブンブクヤドリガイという二枚貝が寄生していることがある

殻長 30mm
世 世界中の温帯海域
日 九州南部以北
深 潮間帯〜水深230m

生体写真（幸塚）

117

タヌキブンブク

Brissopsis luzonica (Gray, 1851)

不正形類

ブンブク目・オオブンブク科

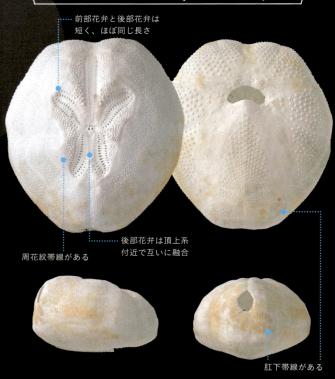

- 前部花弁と後部花弁は短く、ほぼ同じ長さ
- 周花紋帯線がある
- 後部花弁は頂上系付近で互いに融合
- 肛下帯線がある

泥の多い砂泥底中に潜って生息する。オーストンキツネブンブクと同じ環境を好むようで、同時に採集されることが多い。

- 殻長 50mm
- 世 インド・西太平洋海域
- 日 相模湾、山形県以南
- 深 水深130〜2140m

生体写真(幸塚)

オオブンブク

Brissus agassizii Döderlein, 1885

不正形類

ブンブク目・オオブンブク科

殻は非常に頑丈

周花紋帯線がある

反口側の後方はなだらか

肛下帯線がある

転石域下の砂礫中に潜って生息する。転石が邪魔でなかなか採集することが難しい。肉食性巻貝にしばしば襲われているらしく、直径5mm程度の捕食孔を空けられた殻が漂着物としてよく見つかる。

殻長 100mm
世 おそらく日本近海のみ
日 九州南端から本州北端
深 潮間帯〜水深10m

生体写真(幸塚)

119

ミナミオオブンブク

Brissus latecarinatus (Leske, 1778)

不正形類

ブンブク目・オオブンブク科

殻は非常に頑丈

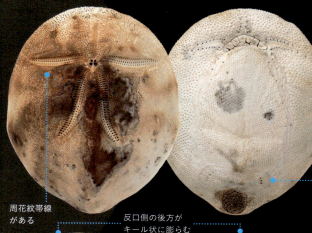

周花紋帯線がある

反口側の後方がキール状に膨らむ

肛下帯線がある

転石域下の砂礫中に10〜15cm程度潜って生息する。オオブンブク属（*Brissus*）とライオンブンブク属（*Metalia*）にはしばしば殻表面に汚黒色のやや陥入した領域が認められるが、これは感染症が原因の成長障害とされる。

殻長 110mm

世 インド・西太平洋海域
日 相模湾、下関以南
深 潮間帯〜水深45m

生体写真（田中）

120

ライオンブンブク

Metalia latissima H.L. Clark, 1925

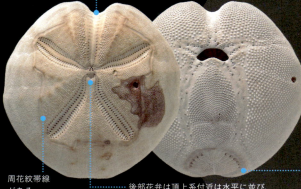

- 殻は巨大で殻幅が大きい
- 正面歩帯は陥入する
- 周花紋帯線がある
- 後部花弁は頂上系付近は水平に並び、途中から互いに90度ほど外側に曲がる
- 肛下帯線がある

不正形類

ブンブク目・オオブンブク科

- 肛下帯下の孔対列数は6

UMUTZ-Ecn-Sl40-16

岩礁付近の砂礫中に潜って生息する。本書では掲載できなかったが、殻幅がより狭く、後部花弁の水平部分が長いものはノブタブンブク *M. sternalis* (Lamarck, 1816) とされる。和名は恐らく花紋がライオンの顔と似ていることから。

殻長 100mm

世 インド・西太平洋海域

日 相模湾以南。日本海側でも能登と隠岐から記録がある

深 潮下帯〜水深74m

生体写真（幸塚）

ライオネスブンブク

Metalia angustus de Ridder, 1984

不正形類

ブンブク目・オオブンブク科

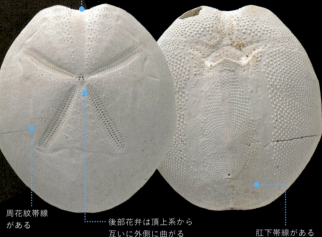

- 殻幅はライオンブンブクほど大きくない
- 正面歩帯は陥入する
- 周花紋帯線がある
- 後部花弁は頂上系から互いに外側に曲がる
- 肛下帯線がある
- 肛下帯線内の孔対列は4

UMUTZ-Ecn-SI39-07

岩礁付近の砂礫中に10〜15cm程度潜って生息する。深く潜ることで、荒天時に底質から洗い出されることを防いでいる。和名のライオネスは雌ライオンの意味。

殻長 80mm

世 インド・西太平洋海域

日 相模湾以南、日本海側でも能登から記録がある

深 潮下帯〜水深25m

生体写真（幸塚）

ヤマネコブンブク

Metalia spatagus (Linnaeus, 1758)

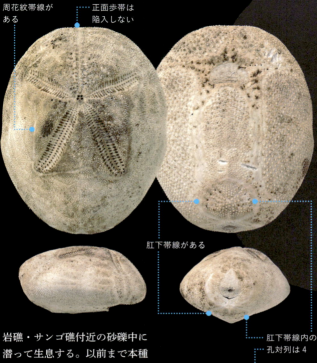

周花紋帯線がある

正面歩帯は陥入しない

肛下帯線がある

肛下帯線内の孔対列は4

不正形類

ブンブク目・オオブンブク科

岩礁・サンゴ礁付近の砂礫中に潜って生息する。以前まで本種の学名がライオネスブンブクとされていたが近年変更となった。ライオンブンブク属（*Metalia*）は非常に分類が難しい分類群であり、今後も学名に変更が生じる可能性がある。

殻長 90mm

世 インド・西太平洋海域
日 南西諸島以南
深 潮下帯～水深130m

Index 学名

Araeosoma owstoni Mortensen, 1904 ·············· 25
Asthenosma sp. ·············· 27
Asthenosma ijimai Yoshiwara, 1897 ·············· 26
Astriclypeus mannii Verrill, 1867 ·············· 91
Astropyga radiata (Leske, 1778) ·············· 29
Brisaster owstoni Mortensen, 1950 ·············· 112
Brissopsis luzonica (Gray, 1851) ·············· 118
Brissus agassizii Döderlein, 1885 ·············· 119
Brissus latecarinatus (Leske, 1778) ·············· 120
Caenopedina mirabilis (Döderlein, 1885) ·············· 38
Centrostephanus asteriscus asteriscus A. Agassiz & H.L. Clark, 1907 ·············· 37
Chondrocidaris brevispina H.L. Clark, 1925 ·············· 22
Clypeaster japonicus Döderlein, 1885 ·············· 84
Clypeaster oshimensis Ikeda, 1935 ·············· 85
Clypeaster reticulatus (Linnaeus, 1758) ·············· 87
Clypeaster virescens Döderlein, 1885 ·············· 86
Coelopleurus maculatus A. Agassiz & H.L. Clark, 1907 ·············· 41
Coelopleurus undulatus Mortensen, 1934 ·············· 42
Colobocentrotus mertensii Brandt, 1835 ·············· 72
Cyrtechinus verruculatus (Lütken, 1864) ·············· 73
Diadema clarki Ikeda, 1939 ·············· 32
Diadema savignyi Michelin, 1845 ·············· 31
Diadema setosum (Leske, 1778) ·············· 30
Echinocardium cordatum (Pennant, 1777) ·············· 117
Echinocyamus elongatus H.L. Clark, 1914 ·············· 101
Echinocyamus grandiporus Mortensen, 1907 ·············· 103
Echinocyamus megapetalus H.L. Clark, 1914 ·············· 102
Echinocyamus provectus de Meijere, 1903 ·············· 101
Echinocyamus sp. A ·············· 103
Echinocyamus sp. B ·············· 104
Echinocyamus sp. C ·············· 104
Echinocyamus subconicus Mortensen, 1948 ·············· 102
Echinometra sp. A ·············· 67
Echinometra sp. B ·············· 68
Echinometra sp. C ·············· 69
Echinometra sp. D ·············· 70
Echinoneus cyclostomus Leske, 1778 ·············· 80
Echinostrephus aciculatus A. Agassiz, 1863 ·············· 64
Echinostrephus molaris (Blainville, 1825) ·············· 65
Echinothrix calamaris (Pallas, 1774) ·············· 34
Echinothrix diadema (Linnaeus, 1758) ·············· 35
Eremopyga denudata (de Meijere, 1902) ·············· 33
Eucidaris metularia (Lamarck, 1816) ·············· 17
Fibularia coffea Tanaka et al. 2019 ·············· 106
Fibularia cribellum de Meijere, 1903 ·············· 105
Fibularia japonica Shigei, 1982 ·············· 106
Fibularia ovulum Lamarck, 1816 ·············· 105
Fibulariella acuta (Yoshiwara, 1898) ·············· 107
Fibulariella sp. ·············· 107
Glyptocidaris crenularis A. Agassiz, 1864 ·············· 43
Heliocidaris crassispina (A. Agassiz, 1864) ·············· 66
Hemicentrotus pulcherrimus (A. Agassiz, 1864) ·············· 62

Heterobrissus niasicus (Döderlein, 1901) ... 110
Heterocentrotus mamillatus (Linnaeus, 1758) ... 71
Koehleraster abnormalis (de Loriol, 1883) ... 81
Laganum depressum L. Agassiz, 1841 ... 93
Laganum fudsiyama Döderlein, 1885 ... 94
Lissodiadema lorioli Mortensen, 1903 ... 36
Lovenia elongata (Gray, 1845) ... 116
Maretia planulata (Lamarck, 1816) ... 114
Mesocentrotus nudus (A. Agassiz, 1864) ... 61
Mespilia globulus (Linnaeus, 1758) ... 53
Mespilia levituberculatus Yoshiwara, 1898 ... 52
Metalia angustus de Ridder, 1984 ... 122
Metalia latissima H.L. Clark, 1925 ... 121
Metalia spatagus (Linnaeus, 1758) ... 123
Microcyphus excentricus Mortensen, 1940 ... 55
Microcyphus olivaceus (Döderlein, 1885) ... 54
Micropyga tuberculata A. Agassiz, 1879 ... 39
Moira lachesinella Mortensen, 1930 ... 113
Opechinus variabilis (Döderlein, 1885) ... 56
Ova lacunosus (Linnaeus, 1758) ... 111
Parasalenia gratiosa A. Agassiz, 1863 ... 57
Peronella japonica Mortensen, 1948 ... 95
Peronella lesueuri (L. Agassiz, 1841) ... 96
Peronella minuta (de Meijere, 1904) ... 99
Peronella pellucida Döderlein, 1885 ... 98
Peronella rubra Döderlein, 1885 ... 97
Phalacrocidaris japonica (Döderlein, 1885) ... 19
Phyllacanthus dubius Brandt, 1835 ... 21
Phyllacanthus imperialis (Lamarck, 1816) ... 21
Platybrissus roemeri Grube, 1865 ... 109
Plococidaris verticillata (Lamarck, 1816) ... 18
Prionocidaris baculosa (Lamarck, 1816) ... 20
Pseudoboletia indiana (Michelin, 1862) ... 78
Pseudocentrotus depressus (A. Agassiz, 1864) ... 63
Pseudomaretia alta (A. Agassiz, 1863) ... 115
Salmaciella dussumieri (L. Agassiz in L. Agassiz & Desor, 1846) ... 51
Salmacis sp. ... 50
Scaphechinus griseus (Mortensen, 1927) ... 90
Scaphechinus mirabilis A. Agassiz, 1864 ... 89
Sculpsitechinus tenuissimus (L. Agassiz & Desor, 1847) ... 92
Stomopneustes variolaris (Lamarck, 1816) ... 44
Strongylocentrotus intermedius (A. Agassiz, 1864) ... 60
Strongylocentrotus pallidus (Sars G.O., 1872) ... 59
Strongylocentrotus polyacanthus A. Agassiz & H.L. Clark, 1907 ... 58
Temnopleurus hardwickii (Gray, 1855) ... 47
Temnopleurus reevesii (Gray, 1855) ... 48
Temnopleurus toreumaticus (Leske, 1778) ... 46
Temnotrema sculptum A. Agassiz, 1864 ... 49
Toxopneustes elegans Döderlein, 1885 ... 76
Toxopneustes pileolus (Lamarck, 1816) ... 74
Tripneustes gratilla (Linnaeus, 1758) ... 77

Index 和名

ア

アオスジガンガゼ……31
アカウニ……63
アカオニガゼ……29
アスナロガンガゼ……37
アラサキガンガゼ……32
イイジマフクロウニ……26
ウスカシパン……93
ウスカラタマゴウニ(新称)……81
ウスヨツアナカシパン……98
ウリザネブンブク……109
エゾバフンウニ……60
オーストンキツネブンブク(新称)
　　……112
オーストンフクロウニ……25
オオブンブク……119
オカメブンブク……117
オシムギウニ(新称)……107
オトメガゼ……38
オニヒメブンブク……114

カ

サアシガゼ(新称)……39
ガンガゼ……30
ガンガゼモドキ……35
キタサンショウウニ……47
キタムラサキウニ……61
キリコウニ……55
クロウニ……44
クロスジラッパウニ……76

ケマリウニ……54
コーヒーマメウニ……106
コオロギウニ……56
ココノツアナボタンウニ(新称)
　　……103
コシダカウニ……53
コデマリウニ……49
コメツブウニ……107

サ

サンショウウニ……46
サンリクオオバフンウニ……59
シラヒゲウニ……77
ジンガサウニ……72
スカシカシパン……91
スベトゲガンガゼ……36
セイタカブンブク……113

タ

タイリンボタンウニ(新称)……104
タコノマクラ……84
タテアナボタンウニ(新称)……101
タヌキブンブク……118
タマゴウニ……80
タワシウニ……64
チシマオオバフンウニ……58
ツガルウニ……43
ツマジロナガウニ……68
トックリガンガゼモドキ……34
トンガリボタンウニ(新称)……102

ナ

ナガウニモドキ……57
ナメラカボタンウニ(新称)……104
ナンヨウボタンウニ(新称)……101
ニッポンコシダカウニ(新称)……52
ニホンマメウニ……106
ネズミブンブク……115
ノコギリウニ……20

ハ

ハイイロハスノハカシパン……90
パイプウニ……71
バクダンウニ……21
バサラブンブク(新称)……110
ハスノハカシパン……89
ハチスマメウニ(新称)……105
バフンウニ……62
ハリサンショウウニ……48
ヒオドシウニ属の1種……50
ヒメクロナガウニ……70
ヒメタコノマクラ……87
ヒラタブンブク……116
フシザオウニ……18
フジヤマカシパン……94
フタツアナスカシカシパン……92
ブンブクチャガマ……111
ベンテンウニ……41
ボウズウニ……19
ホソボタンウニ(新称)……103
ホンナガウニ……67

マ

マダラウニ……78
マツカサウニ……17
マメヨツアナカシパン……99
マメラッパ(新称)……73
マルマメウニ……105
ミナミオオブンブク……120
ミナミタワシウニ……65
ミナミバクダンウニ……21
ミナミヨツアナカシパン……96
ムラサキウニ……66
メガボタンウニ(新称)……102
モモノキウニ……22

ヤ

ヤマタカタコノマクラ……86
ヤマトベンテンウニ……42
ヤマネコブンブク……123
ヤミガンガゼ……33
ユキレンゲウニ……51
ユメマクラ……85
ヨツアナカシパン……95
ヨツアナカシパンモドキ……97

ラ

ライオネスブンブク……122
ライオンブンブク……121
ラッパウニ……74
リュウキュウナガウニ……69
リュウキュウフクロウニ……27

参考文献

ウニに焦点をあてた日本語の書籍というものは多くはなく、さらに発行部数が少なかったり、すでに販売が停止していたりと入手が困難な場合が多い。そういった本は大型の図書館や、一部の大学図書館がおおいに頼りになる。また、世界を見渡すとウニに関する書籍は比較的豊富であり、非常に力の入ったクオリティのものが多い。通販などでもまれに出現するため、ぜひとも入手をチャレンジして頂きたい。

『ヒトデ学 棘皮動物のミラクルワールド』本川達雄, 東海大学出版会, 2001
棘皮動物のいろはを知るにはオススメの1冊。本書と次の「ウニ学」は一般的な本屋でも入手可能。

『ウニ学』本川達雄, 東海大学出版会, 2009
ウニの形態、生態、行動、遺伝などさまざまなトピックが概説されている。

『動物系統分類学 8（中）棘皮動物』内田 亨, 中山書店, 1974
主にウニの形態と分類について、日本語を用いて体系的にまとめられた本。

『相模湾産海胆類』重井陸夫, 丸善, 1986
美しい図版と詳細な記載からなる国内で最もまとまったウニの図鑑。掲載は相模湾近海の種に限られるが、日本近海に生息するかなりの種をカバーしている。

『Sea Urchins I: A guide to Worldwide Shallow Water Species』Heinke Schultz, H. & P. Schultz Partner Scientific Publications, 2005

『Sea Urchins II: Worldwide Irregular Deep Water Species』Heinke Schultz, H. & P. Schultz Partner Scientific Publications, 2010

『Sea Urchins III: Worldwide Regular Deep Water Species』Heinke Schultz, H. & P. Schultz Partner Scientific Publications, 2011
世界中の浅海種からなるI、深海性不正形類からなるII、深海性正形類からなるIIIという三部構成の非常に豪華な図鑑。膨大な写真と掲載種が魅力的であるが、個人出版であるためとても手に入りにくい。

『あなたが知らないウニの世界』Ashley Miskelly, 坪田征 訳, 田中颯 監訳, 株式会社ウサギノネドコ, 2019
オーストラリアとインド-太平洋の浅海性のウニに焦点をあてた美しい写真集。『Sea Urchins of Australia and the Indo-pacific』の日本語訳版。

『The Echinoid Directory』Smith, A. B. & Kroh, A., World Wide Web electronic publication, 2011- http://www.nhm.ac.uk/research-curation/projects/echinoid-directory
化石から現生種のほぼすべての属への写真付き検索表や、ウニの進化史・形態に関する専門用語がまとめられたWebサイト。恐ろしいことに無料で閲覧できる。英語で専門的な内容であるため取っつきにくいかもしれないが、美麗な写真も豊富にあるため、ぜひともアクセスして色々と探索してみてほしい。